农业电子商务蓝皮书

BLUE BOOK OF AGRICULTURAL E-COMMERCE

中国农业电子商务发展报告（2022）

ANNUAL REPORT OF AGRICULTURAL
E-COMMERCE DEVELOPMENT IN CHINA（2022）

农业农村部市场与信息化司
中国农业科学院农业信息研究所　编著

U0349137

中国农业科学技术出版社

图书在版编目(CIP)数据

中国农业电子商务发展报告.2022／农业农村部市场与信息化司，中国农业科学院农业信息研究所编著．--北京：中国农业科学技术出版社，2023.5
ISBN 978-7-5116-6184-5

Ⅰ.①中…　Ⅱ.①农…②中…　Ⅲ.①农业-电子商务-研究报告-中国-2022　Ⅳ.①F324

中国版本图书馆 CIP 数据核字（2022）第 251806 号

责任编辑	史咏竹
责任校对	马广洋
责任印制	姜义伟　王思文

出 版 者	中国农业科学技术出版社
	北京市中关村南大街 12 号　　邮编：100081
电　话	（010）82105169（编辑室）　　（010）82106624（发行部）
	（010）82109709（读者服务部）
网　址	https：//castp.caas.cn
经 销 者	各地新华书店
印 刷 者	北京建宏印刷有限公司
开　本	170 mm×240 mm　1/16
印　张	16.5
字　数	292 千字
版　次	2023 年 5 月第 1 版　2023 年 5 月第 1 次印刷
定　价	96.00 元

农业电子商务蓝皮书
《中国农业电子商务发展报告（2022）》
编 委 会

前　言

2021 年是"三农"工作重心转向全面实施乡村振兴战略、加快推进农业农村现代化的第一年，也是"十四五"规划开局之年。高质量推动农业电子商务发展是加快实现农业农村现代化的重要一环，对"三农"工作开好局起好步具有重要意义。2021 年、2022 年中央一号文件都对农业电子商务发展进行了部署谋划，提出了开展"数商兴农"，实施"快递进村"工程和"互联网+"农产品出村进城工程，推动农村电子商务基础设施数字化改造、智能化升级，这些都为加快推进农产品电商发展提供了坚实支撑。面对复杂严峻的形势，我国农业电子商务发展保持了较好的增长势头和活力，产业规模进一步扩大，行业生态加快整合，市场主体不断增强，新业态新模式持续涌现，与快递物流融合发展，畅通城乡双向循环，成为推动乡村振兴取得新进展、农业农村现代化迈出新步伐的强大引擎。2022 年，全国网上零售额 13.79 万亿元；农村网络零售额 2.17 万亿元，同比增长 3.6%；农产品网络零售额 7 059 亿元，同比增长 15.3%。

2023 年是全面贯彻党的二十大精神的开局之年，我国将进入全面建设社会主义现代化国家开局起步的关键时期，农业电子商务发展面临重大历史机遇。农村消费潜力逐步释放，城乡融合发展的体制机制不断完善，乡村建设行动持续扎实推进，农业电子商务作为数字乡村最大的推动力和发展基础，必将走向更加规范、更加融合、更加创新的高质量发展阶段。

在中华人民共和国农业农村部市场与信息化司的指导和支持下，中国农业科学院农业信息研究所农业电子商务研究中心组织撰写了《中国农业电子商务发展报告（2022）》。本书分为 4 章：第一章为中国农业电子商务发展总报告，其中，第一部分着重分析了"十四五"时期我国农业电子商务发展面临的新机遇和新挑战，第二部分通过详尽的数据分析全面介绍了我国农产品电子商务市场发展现状，第三部分集中展现我国农业电子商务迈入高质量发展新阶段呈现出的新特点，第四部分研判了我国农业电子商务发展热点和竞争重心调整转移将出现的新趋势，第五部分从强化基础设施、夯实供应链能力、培育完善市场主体和推动大数据应用等方面提出了 4 条政策建议，以推动农业电子商务持续高质量发展。第二章为地区篇，选取了 15 个省（区、市）在推动农业电子商务发展中的优秀做法及工作成效总结。第三章为"互联网+"农产品出村进城，选取了 24 个市（县、区）或企业在推进"互联网+"农产品出村进城工作中的经验总结和典型做法。第四章为专题报告，分别针对 2021 年零售额增速骤减、直播经济等热点问题撰写了调研报告。

与《中国农业电子商务发展报告（2021）》相比，《中国农业电子商务发展报告（2022）》主要有两点变化：一是本次报告是就 2021 年和 2022 年两年的农业电子商务发展情况进行的总结、分析与展望；二是农产品网络零售市场发展报告采取了新的统计口径，根据即将发布的国家农业行业标准《农产品及制品网络零售信息监测　品类范围》，监测对象主要为通过网络零售方式开展交易的农林牧渔业的初级产品，及以农林牧渔业初级产品为主要原料加工制成的可食用产品，不包括种子、棉麻、活体动物、烟草、食盐、饮用水、碳酸饮料、婴幼儿配方奶粉、白酒、啤酒等，后期随数据采集标准与方式的优化，将进一步调整与细化。

本书仍存在明显不足：一是受篇幅限制，很多省（区、市）、市、县（区）的典型案例和优秀经验未能全部纳入其中；二是尽管本报告已经采用新的农产品网络零售监测范围标准，但该标准尚未普遍采用，导致主报告中的数据分析部分可能与各省（区、市）分报告中的数据口径不一致，不适于进行横向比较；三是由于目前农业电子商务发展变化较快，数据资料收集更新不甚及时和全面，加之笔者对问题的认识和研究仍有局限，报告中难免有疏漏和不当之处，敬请批评指正。希望通过逐年的积累、提高与完善，本报告能为相关部门、从业者和关心"三农"发展的广大读者提供更有价值的借鉴和参考。

本书在撰写过程中，参照了国家发展和改革委员会、工业和信息化部、农业农村部、商务部等发布的相关政策文件和数据，地方农业农村部门提供了各地农业电子商务发展报告和典型案例，电商平台和企业分享了各自在推动农产品出村进城工作中的做法，北京欧特欧国际咨询有限公司在农产品网络零售数据方面提供了有力的支持，许多领导、专家也都给予了具体的指导和帮助，在此一并致以衷心感谢。

编著者
2023 年 2 月

目　　录

第一章

中国农业电子商务发展总报告

在加快构建以国内大循环为主体、国内国际双循环相互促进的新发展格局下，农业电子商务深刻改变了传统农产品流通方式，显著提升了城乡居民的生活品质，极大挖掘了农村消费潜力，成为推进城乡融合发展的新动力。发展农业电子商务是巩固拓展脱贫攻坚成果同乡村振兴有效衔接的重要途径，紧密契合了加快实施乡村振兴战略方向。总结近年来农业电子商务的发展状况，对全面推进乡村振兴具有深远意义。

　　本总报告在农业农村部市场与信息化司的指导下，由中国农业科学院农业信息研究所牵头编写。由于目前农业电子商务发展变化进展较快，数据资料收集更新不甚及时和全面，加之笔者对问题的认识和研究仍有局限，报告中难免有疏漏和不当之处，敬请批评指正。

一、"十四五" 时期农业电子商务发展迎来新机遇

党的十九大以来，各地区各部门深入学习贯彻习近平总书记关于"三农"工作重要论述精神，认真落实中共中央、国务院决策部署，有力推进乡村振兴战略实施，取得积极成效。脱贫攻坚取得全面胜利，守住了不发生规模性返贫的底线；乡村产业加快发展，农产品加工业提质增效，农业就业增收渠道拓宽；乡村基础设施和公共服务条件明显改善，乡村面貌焕然一新。这些都为农业电子商务加快发展奠定了坚实基础，创造了新的机遇和条件。

（一）全面推进乡村振兴对电商发展提出新要求

打赢脱贫攻坚战后，全面推进乡村振兴是"三农"工作重心的历史性转移。要实现这一目标，就要建立巩固拓展脱贫成果的长效机制，着力提升脱贫地区整体发展水平，促进农民农村共同富裕。为此，要抓住产业和就业"两个要害"，通过壮大乡村富民产业带动、促进农民就业创业拉动，多措并举促进农民收入增长。农业电子商务作为兴产业、美乡村、富农民的重要途径，在赋能乡村振兴上一直以来都发挥着重要作用。农产品线上销售、产销对接优势提升了乡村产业的规模效益；线上线下融合、农文旅结合，打造了休闲农业，美化了乡村风貌；直播带货等新模式新业态拓宽了就业渠道。总体上，农业电子商务加快了农业农村信息化、数字化的进程，弥补了农村物流体系短板，夯实了构建国内大循环、国内国际双循环新发展格局的基础。

巩固拓展脱贫攻坚成果同乡村振兴有效衔接，扎实推进乡村振兴，更需要激发农业电子商务的新动能。一是全面振兴乡村产业，需要农业电商发挥开拓力。农产品电商要以拓展农业多种功能、挖掘乡村多元价值为方向，壮大农产品加工流通业，优化乡村休闲旅游业，延伸农业产业链条，持续提升农业产业规模和质量。二是持续扩大农民就业增收，需要农业电商发挥带动力。通过发展直播带货等新业态新模式，培育一批有技术、留得住的农村创业带头人，推广一批可复制、可推广的模式做法，创建一批农村创业创新园区和孵化实训基

地，以创业带动就业，以就业促进增收。三是推动城乡融合发展，需要农业电商发挥创造力。实现农民农村共同富裕，是巩固拓展脱贫攻坚成果与全面推进乡村振兴的必然要求，推动农民共同富裕，需要农业电商以县域为切入点，推动数字农业农村电商与县域实体经济加速融合创新，健全城乡融合发展体制机制，对传统乡村产业进行全方位、全链条的改造，全面提升县域农业产业链水平，释放乡村内需潜力。

（二）数字经济加快发展对农业电商形成新助力

随着以云计算、大数据、物联网、人工智能等为代表的新兴数字技术快速发展和应用，数字技术引领和带动经济增长的作用日益凸显，数字经济逐渐成为我国经济高质量发展的重要引擎。党的十八大以来，党和国家高度重视数字经济发展，将其上升为国家战略。2021年，我国数字经济发展再上新台阶，规模达到45.5万亿元，同比增长16.2%，占国内生产总值（GDP）的39.8%，数字经济对国民经济的支撑作用更加明显。与此同时，网络经济持续快速发展，转型升级成效显现。2021年网络经济指数达1 963.6，比2020年增长48.4%。"十四五"期间，我国农业数字经济渗透率预计从8%提升到36%，预计到2025年农业数字经济规模将达到1.26万亿元，占农业增加值比重将达到15%。数字技术加速向农业农村延伸和渗透，为促进数字经济与乡村振兴的融合提供了有效途径，也为农产品电商的高质量发展提供了新机遇和新条件。

一方面，数字经济推动农业电商产品和服务创新。数字技术的集成创新和融合应用，为农业电商新产品新服务的创新拓展了空间，带来了新的活力。贵州电商云"一码贵州"数字经济平台，基于"4+1"模式（农村电商、黔货云仓、供应链金融、技术研发+线上线下销售矩阵）为入驻商家提供农产品生产端到消费端的全链条产业服务，有效解决农产品溯源、产销对接、融资等现实问题。浙江省杭州市临安区积极发展农村电商金融服务，将数据转化为信用评分，创新"强村贷""天目云贷"等金融产品，大幅提升了农村电商经营主体融资的便捷性和可获得性，2021年临安区累计授信超4亿元，实际发放贷款2亿元以上。惠农网打造以电商数据为主的农业大数据服务平台，推出农产品市场行情预测"惠农行情"、用户精准营销"农批通"等服务，积极发挥电商大数据在农产品出村进城和市场监测的作用。在数字经济的推动下，农产品电商实现由单一商品交易场景到数据、金融等多元服务场景的转变，提升了农产品电商的网络化、数字化、智能化水平，让厂家、商家和客户更好地享受数字技术带来的红利。另一方面，数字经济助力农产品物流升级和产业链整合。数字技术的升级与应用拓展，加速了农村网络、产销地仓储、物流配送等传统基础设施的升级改造，为我国农业产供销全产业链整合打下基础，有助于破解农产品上行的"最初一公里"和工业品下行"最后一公里"难题。山东省聊城市茌平区夯实县域农村电商"新基建"基础，建设集智能分拣、智慧加工、智慧仓储配送、智能电子商务信息中心等于一体的智慧冷链物流产业园，帮助聊城市及其周边的农产品销往全国各地，打通了茌平区商贸流通高效配送网络融入国内国际双循环的路径。湖北省枝江市建成集农产品加工、仓储、冷链、集散分拨、运输配送等于一体的现代化智慧仓储物流服务中心，打通了枝江农产品出村进城的通道，整体物流时效可以提升 0.5~1 天，成本可下降 5%~10%。浙江省长兴县进一步加强县、乡、村三级物流节点基础设施网络建设，积极推动物流业与数字化、科技创新融合发展。该县引入数字化自动分拣流水线，物流包裹分拣速度每小时可达 2.5 万件，准确率达到 99% 以上，效率较人工提高约 4 倍。数字"新基建"为农产品电商发展提供了更加完善的基础设施和均衡的资源配置，在降低物流运输成本的同时提升了产业链运作效率，为电商做大做强提供了有力支撑。

（三）新冠疫情反复对电商发展提出新挑战

新冠疫情以来，全球农产品生产、流通、贸易格局发生了明显变化，农产品国际供应链受阻，部分国家实施贸易限制政策，开拓国际市场的风险与挑战显著增多。同时，国内疫情影响了正常的生产流通和生活秩序，加大了农民生产生活的不便和产业发展风险，对产业链、农民就业增收和乡村产业发展的负面影响短期内难以根本消除，农产品电商发展面临新的挑战。一是确保农业产业链供应链稳定的需求更加迫切。农产品国际供应链受阻，加快培育完整内需体系、畅通农产品流通体系迫在眉睫。农产品电商作为联通产业链供应链的关键环节，要充分发挥自身优势，向上推进农产品仓储保鲜冷链物流体系建设，向下加快推动农产品精深加工业发展，贯通农业全产业链高效、协同发展。二是创新乡村产业产销对接方式的需求更加迫切。农产品电商作为拓宽销路、对接市场的重要途径，创新产销对接模式的责任重大。要通过深入推进"互联网+"农产品出村进城工程、构建产销对接平台机制等方式，推动建立长期稳定的产销对接关系，破解优质农产品卖不出、卖不上价的难题。三是挖掘农村消费潜力的需求更加迫切。消费是最终需求，但是当前国际金融动荡加剧市场波动，国际供应链不稳定加大进口难度，外部环境不确定因素增多，挖掘国内消费，特别是农村消费潜力的任务艰巨。近年县域经济发展水平总体不高，产业向县以下的布局导向还未形成，乡村消费品零售额占全国的 12% 左右，城乡居民消费差距明显。通过发展直播带货、即时零售、社区电商等新业态新模式，破除阻碍城乡经济循环发展的堵点与卡点，释放乡村内需潜力十分必要。

（四）政策措施陆续出台为电商发展营造新环境

近年来，农产品电子商务政策保持了较好的连续性和稳定性，以实施乡村振兴战略为总抓手，抓重点、补短板、强基础，围绕"巩固、增强、提升、畅通"，深化农业供给侧结构性改革，进一步完善农村市场体系，促进农村流通现代化，推动农产品电子商务深入发展，助力脱贫攻坚和乡村振兴。

推动涉农电商行业高质量发展，加快融入新发展格局。在政策、法律法规方面，2021 年商务部[①]印发《关于加快数字商务建设服务构建新发展格局的通知》，将"数商兴农"定为加快数字商务建设的任务之一。商务部、中央网信办[②]、国家发展改革委[③]印发了《"十四五"电子商务发展规划》，以电子商务服务乡村振兴，带动下沉市场提质扩容。在标准规范方面，2021 年农业农村部[④]印发《关于开展现代农业全产业链标准化试点工作的通知》，指出在"十四五"期间试点构建 30 个农产品全产业链标准体系及相关标准综合体，制修订相关标准 200 项，基本形成全产业链标准化协同推进机制。中国仓储与配送协会共同配送分会与美团优选正式发布《社区电商防疫保供配送服务规范》团体标准，对农产品合作商管理、新冠疫情背景下退货流程等情况进行规范。

---

① 商务部：中华人民共和国商务部，全书简称商务部。
② 中央网信办：中央网络安全和信息化委员会办公室，全书简介中央网信办。
③ 国家发展改革委：中华人民共和国国家发展和改革委员会，全书简称国家发展改革委。
④ 农业农村部：中华人民共和国农业农村部，全书简称农业农村部。

国家标准《电子商务平台知识产权保护管理》（GB/T 39550—2020）完善了电子商务知识产权保护制度，优化了农产品电商营商环境。在省级层面，江苏省、四川省、黑龙江省、广东省等多地进行响应，颁布《电子商务服务中心建设》《农产品电子商务配送服务》《农产品电商溯源体系等规范》等标准规范，为地方农产品创造了良好的交易环境。在示范指导方面，2021年财政部①、商务部、国家乡村振兴局印发《关于开展2021年电子商务进农村综合示范工作的通知》，深入推进电子商务进农村，推动城乡生产与消费有效对接。2022年国家市场监督管理总局发布了《网络市场监管与服务示范区创建评估指标体系》，加强示范区网络市场监管保障，为我国电子商务产业的持续健康发展指明了方向。农业农村部印发了《农业现代化示范区数字化建设指南》，推动农业现代化示范区在数字技术与现代农业深度融合上先行突破，深入推进"互联网+"农产品出村进城工程，促进农产品网络销售。

加快建设农村物流体系，提升快递物流支撑能力。一是加快农村快递物流体系建设。2021年，国务院印发了《关于加快农村寄递物流体系建设的意见》，要求2022年6月底前在全国建设100个农村电商快递协同发展示范区，与现代农业、电子商务等深度融合，进一步畅通农村生产、消费循环。商务部等9部门印发《商贸物流高质量发展专项行动计划（2021—2025年）》，建设城乡高效配送体系，降低农产品物流成本，加快新模式新业态发展。截至2022年5月，全国有31个省（区、市）发布了"十四五"时期物流行业发展规划，重点内容涉及快递业务量和大型物流企业数量等多个目标，确保农产品物流通道畅通。二是加快农产品仓储保鲜冷链物流体系建设。2021年，国务院印发了《"十四五"冷链物流发展规划》，旨在加快建立现代冷链物流体系，提高冷链物流服务质量效率。2021年，农业农村部联合财政部印发了《关于全面推进农产品产地冷藏保鲜设施建设的通知》，择优选取100个果蔬产业重点开展整县推进试点，推动提升产地冷藏保鲜能力、商品化处理能力和服务带动能力。2021年，国家发展改革委印发了《国家骨干冷链物流基地建设实施方案》，计划到2025年布局建设100个左右国家骨干冷链物流基地，基本建成以国家骨干冷链物流基地为核心、产销冷链集配中心和两端冷链物流设施为支撑的三级冷链物流节点设施网络。

---

① 财政部：中华人民共和国财政部，全书简称财政部。

支持县域电商深入发展，完善城乡融合机制。2021年，中央农办①、农业农村部、商务部等17个部门发布了《关于加强县域商业体系建设促进农村消费的意见》，建立完善农村商业体系，加强县域商业体系建设，推动农村消费提质扩容。农业农村部发布《关于促进农业产业化龙头企业做大做强的意见》，支持龙头企业参与优势特色产业集群、现代农业产业园、农业产业强镇等农业产业融合项目建设，大力发展农村电商、农商直供、在线直播等新业态新模式。截至2021年，中央财政共支持建设100个优势特色产业集群、200个国家现代农业产业园、1 100多个农业产业强镇。市级以上龙头企业中，超过四成的企业通过互联网开展产品销售，超过1/4的企业发展流通业态。

健全乡村人才培养通道，鼓励返乡创业。近年来，农业农村部、人力资源和社会保障部等部门先后印发了《关于进一步推动返乡入乡创业工作的意见》《关于推动返乡入乡创业高质量发展的意见》等文件，大力支持各类人才返乡入乡创业。2021年，农业农村部会同中共中央组织部印发了《关于开展2021年农村实用人才带头人和到村任职、按照大学生村官管理的选调生示范培训工作的通知》，鼓励吸引农村实用人才带头人和到村任职，带动农产品电商进一步发展。农业农村部印发了《关于利用全国农业远程教育平台开展2021年农业科技人员知识更新培训的通知》，采用线上教育的方式，开展农业科技人员知识更新培训活动，加大教育培训力度。国家发展改革委印发了《关于推广支持农民工等人员返乡创业试点经验的通知》，引导返乡农民工等人员创新创业与电商相结合，改变传统销售模式，促进优质农产品销售。

---

① 中央农办：中共中央农村工作领导小组办公室，全书简称中央农办。

二、农产品电子商务市场规模持续扩大①

（一）全国农产品网络零售规模保持增长

1. 农产品网络零售市场整体稳定增长

农产品网络零售规模步入稳步发展期。2021 年全国农产品网络零售额 6 125 亿元，同一统计口径较 2020 年增长 6.7%（图 1），增速较 2020 年下滑。

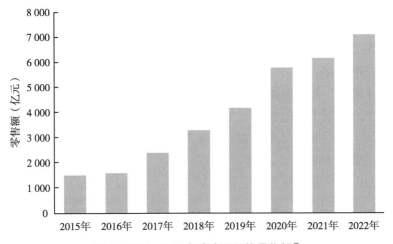

图 1　2015—2022 年农产品网络零售额②

2022年农产品网络零售额7 059亿元，同比增长15.3%，增速较2021年提升8.6个百分点。

2022年，全网主营农产品的网络零售商约7万家，占全网电商商户总量的9.5%，与2021年占比持平。农产品网络零售商户克服了新冠疫情影响的困难，保持了相对稳定、健康的发展。农产品网络零售模式不断创新、多元化发展，除传统平台保持稳速发展外，直播带货、社区电商、即时零售等新模式不断涌现，为农产品网络零售带来新气象。

2022年通过抖音、快手等各类直播平台销售农产品1 386亿元，占农产品全网网络零售额的19.6%。

美团旗下"美团优选"采取"预购+自提"的模式进入社区电商赛道，进一步探索社区生鲜零售业态，满足差异化消费需求，推动生鲜零售线上线下加速融合，实现年农产品零售额约2 000亿元。

即时零售在三四线城市加速发展，据中商产业研究院发布的《中国即时配送市场前景及投资机会研究报告》显示，2021年我国即时配送服务行业订单规模为279亿单，2022年即时配送订单数量约380.7亿单。预计2023年将增至493.4亿单，行业整体仍处于快速发展路线上，三四线城市的市场需求占比有所增长，下沉市场的消费潜力正在被多元化的网络零售模式逐渐激活。监测数据显示，即时零售订单的农产品零售额约1 066亿元，占2022年农产品网络零售总额的15.1%。

与2020年月度零售表现不同，2021年和2022年农产品月度网络零售额表现基本回归正常，与近几年历史趋势相同，除农历腊月外，全年月度同比增速基本较为平稳（图2）。2021年农产品零售额市场表现不佳，3—6月，农产品网络零售额均同比减少，直至7月开始回升。2022年农产品零售额市场有所回暖，各月度零售额均同比增长。从监测数据可以看出，受新冠疫情影响，经济整体下行，居民增收压力加大，大众对生活消费趋于谨慎，就农产品而言，以往"618""双十一"等购物节带来的消费热度已不复存在。

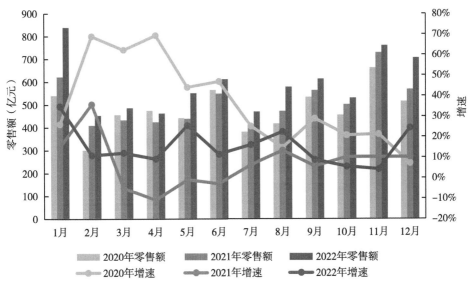

图 2　2020—2022 年全国农产品月度网络零售额及同比变化

2. 农产品网络零售额增速呈现显著的区域差异

从四大经济区域①上来看，2021 年及 2022 年全国农产品网络零售依然呈现"强者愈强"的发展格局，东部地区农产品网络零售额占全网零售额的66%以上。中部地区和西部地区网络零售额分别占 13.5%和 14.5%左右，东北地区网络零售额占比有所提升，由 2020 年的 4.3%增至 5.5%。从发展增速来看，2021 年和 2022 年东部地区农产品网络零售额增速分别为 9.5%和 11.4%，增速平稳；中部地区零售额增速分别为 1.4%和 19.6%；西部地区零售额增速分别为 5.3%和 20.7%；东北地区零售额增速分别为 3.5%和 45.9%。除东部地区外，中部、西部和东北地区农产品网络零售市场发展较好，呈现出加速发展态势（图 3）。

① 四大经济区域划分标准：东部地区是指北京市、天津市、河北省、上海市、江苏省、浙江省、福建省、山东省、广东省和海南省，共 10 省（市）；中部地区是指山西省、安徽省、江西省、河南省、湖北省和湖南省，共 6 省；西部地区是指内蒙古自治区（全书简称内蒙古）、广西壮族自治区（全书简称广西）、重庆市、四川省、贵州省、云南省、西藏自治区（全书简称西藏）、陕西省、甘肃省、青海省、宁夏回族自治区（全书简称宁夏）和新疆维吾尔自治区（全书简称新疆），共 12 省（区、市）；东北地区是指辽宁省、吉林省和黑龙江省，共 3 省。引用自 2020 年中华人民共和国国民经济和社会发展统计公报。本报告中台湾地区、香港特别行政区、澳门特别行政区的数据缺失。

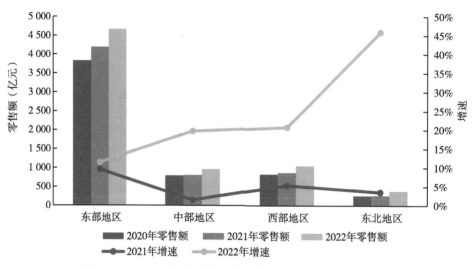

图3 2020—2022 年全国分区域农产品网络零售额及同比变化

从各省（区、市）2021 年农产品网络零售额增速来看，西藏、新疆、甘肃、陕西等 16 个省（区、市）实现零售额增长，西藏以 31.3% 的增速领先全国，新疆实现农产品网络零售额增速 30.2%，甘肃和陕西网络零售额增速分别为 29.6% 和 24%，共计 13 个省（区、市）的农产品网络零售额增速超过全国6.4% 的平均水平，实现较高增速的大部分省份位于西部和东部地区。内蒙古、广西等 9 个省（区、市）农产品网络零售额回落，内蒙古、广西和安徽零售额较 2020 年分别减少 13.1%、9.7% 和 8.3%。

2022 年全国各省（区、市）农产品网络零售市场表现明显好转（图4），多数省（区、市）零售额大幅增加。陕西省延续 2021 年加速发展势头，2022 年实现 63.7% 的零售额增速，领先全国。2022 年农产品零售额增速排名前十位的省（区、市）分别为陕西、海南、河南、广西、黑龙江、辽宁、吉林、河北、新疆和山东，增速均超过 32%，特别是东北地区，省均增速达到 45% 以上，加速发展势头明显。与 2021 年相比，农产品网络零售额下滑的省份减少，仅西藏、上海、四川和湖北零售额有所减少，最大降幅不超过 10%。

根据 2021 年和 2022 各省（市、区）农产品网络零售额与全国及各省

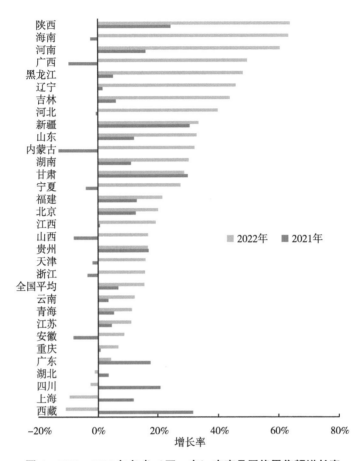

图4 2021—2022年各省（区、市）农产品网络零售额增长率

（市、区）农林牧渔产值的比值，估算了全国和各省（市、区）农产品电商化指数。经计算，2021年我国农产品电商化指数为4.2%，与2020年持平，2022年农产品电商化指数为4.5%，较2020年和2021年有所提升，农产品电商化程度进一步加深。与2021年电商化指数相比，2022年各省份电商化指数有升有降，上海和广东2022年电商化指数较2021年有所下降，而吉林、重庆、陕西、辽宁、宁夏和内蒙古等省（区、市）2022年电商化指数较2021年略有增加，表明西部和东北地区的大部分省份的农产品电商近两年发展较快。2022年北京、上海、浙江、广东、天津、福建、江苏、内蒙古、安徽和西藏

13

10个省（区、市）的电商化水平均超过了全国4.5%的平均水平（图5）。

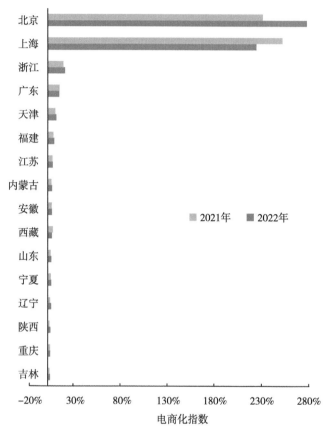

图5 2021—2022年分省（区、市）农产品电商化指数

注：电商化指数相对较低的省份本图中未显示。

3. 生鲜产品成为农产品网络零售占比最大品类

2021年和2022年各类农产品网络零售额如图6所示。生鲜产品①连续两年均为网络零售额占比最大的品类，其次为休闲食品、乳及乳制品，2021年网络零售额占比分别为22.2%、17.4%和14.9%左右，2022年分别23.2%、17.0%和14.0%，三类农产品共占全网农产品零售总额的1/2以上；饮料酒和

———————

① 生鲜产品包括蔬菜、果品、畜禽产品、水产品和预制食品。

粮油米面的网络零售额占比大致相等，2021 年占比为 9.9% 和 9.4%，2022 年占比为 8.7% 和 8.8%，共占全网农产品零售总额的 1/5 左右；方便食品网络零售额增幅较大，由 2021 年的占比 7.0% 增长到 2022 年的 8.7%；茶和养生滋补的网络零售额占比年均稳定在 6.5% 左右，饮料酒、调味品和花卉绿植零售额占比较小，不超过 3.2%。

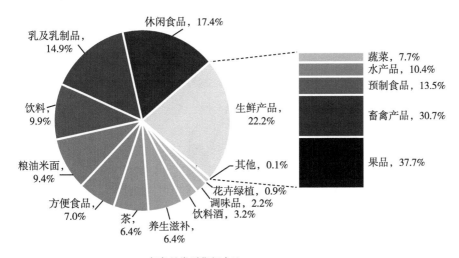

2021年各品类零售额占比

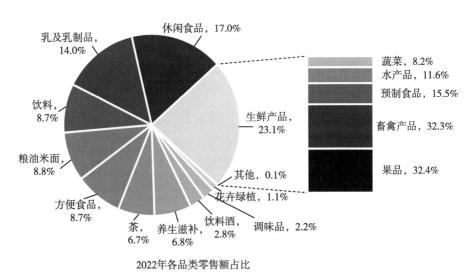

2022年各品类零售额占比

图 6　2021—2022 年各类农产品网络零售额占比

从网络零售额增速上看，2021 年和 2022 年大部分农产品网络零售持续增长，仅个别品类有所下滑，如图 7 所示。2021 年，在全网农产品网络零售额增速仅为 6.7% 的情况下，乳及乳制品、茶和生鲜产品分别同比增长 10.5%、9.9% 和 9.5%；休闲食品和饮料实现 8.2% 和 8.7% 的增速，其他品类则低于全网平均增速。2022 年，半数农产品品类网络零售额增速高于全网平均增速 15.7%，方便食品增速高达 43.2%，花卉绿植增速 36.4%，生鲜产品、养生滋补和茶均实现超过 20% 的零售额增速。

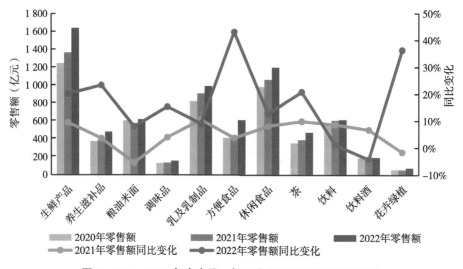

图 7　2021—2022 年农产品一级品类网络零售额及同比变化

2021 年粮油米面零售额出现负增长，继 2020 年新冠疫情影响零售额放量增长后出现回缩，零售额较 2020 年小幅下滑 5.4%；花卉绿植零售额同比减少 1.5%。2022 年所有品类中仅饮料酒零售额减少 4.2%。

方便食品作为 2020 年的明星品类，当年实现 78.2% 的零售额增速，但随着 2021 年新冠疫情缓和，公众对囤积方便食品的需求有所缓解，市场热度回归理性，零售额增幅仅为 3.7%，2022 年疫情又较 2021 年有所加重，方便食品又成为大众居家首选，销量扩大，零售额增幅 43.2%。

从网络零售量变化上看（图 8），2022 年大部分农产品品类零售量较 2021 年增加，仅花卉绿植、乳及乳制品和饮料有所减少，降幅均不超过 7.0%。

2022年茶的零售量增加了64.3%，方便食品和调味品零售量分别增加23.0%，养生滋补品和粮油米面零售量分别增加14.6%和9.9%，其他品类零售量增幅均较小，不超过6.0%。

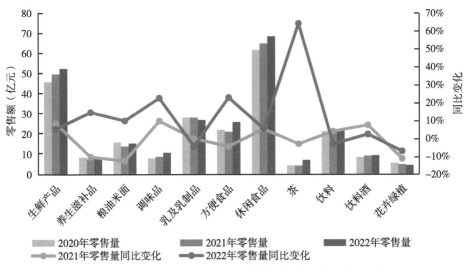

图8　2021—2022 年农产品一级品类网络零售量及同比变化

整体来看，2022年农产品网络零售额增长15.7%，零售量仅增加6.9%，客单价较2021年有所提升，涨幅5.9%。

2021年和2022年生鲜产品网络零售额分别为1 364.3亿元和1 639.9亿元，增速分别为9.5%和20.2%，均为全网零售额占比第一大品类。2022年生鲜产品中按网络零售额排序依次为果品、畜禽产品、水产品、预制食品和蔬菜，其中果品和畜禽产品的网络零售金额较大，共计占生鲜产品零售额的65%以上，预制食品和水产品分别占15.5%和11.6%。

从零售额增速来看，除果品增速3.2%以外，其他品类都实现了26.5%以上零售额增幅，预制食品增速最高，达37.8%（图9）。预制食品的高增速主要归因于近两年火爆全网的预制菜产品，新冠疫情催生的新"食尚"在2021年和2022年分别实现了17.7%和37.8%的网络零售额增速，高于餐饮行业整体增速。近年来，预制菜行业迎来高光时刻，共收获23起融资。美团、盒马、叮咚买菜、京东超市等各大平台都高度重视预制菜赛道，并将其上升到了战略性品类开始加速布局，在营销+需求的双重推动下，各类预制菜已经成为许多人的年货首选。天眼查数据显示，目前，国内预制菜企业超过 7.2 万家，截至 2022 年 10 月，预制菜新增企业数量比 2021 年全年增长 134%。

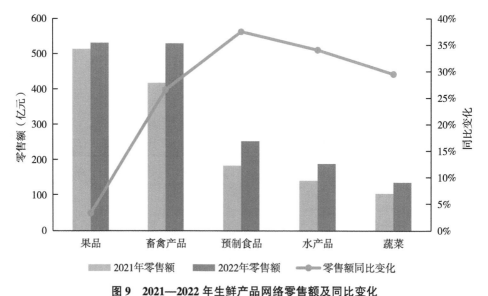

图 9　2021—2022 年生鲜产品网络零售额及同比变化

（二）网络零售呈聚集化和品牌化发展趋势

1. 农产品网络零售品类具有明显的空间区域特征

乳及乳制品网络零售具有明显的地域特征。2021 年和 2022 年乳及乳制品网络零售额的 75% 集中在广东、上海、内蒙古、北京、浙江和江苏六省（区、市）（图 10）。广东、北京、上海、浙江、江苏的乳及乳制品网络零售规模大主要是因为人口众多、经济较为发达、消费水平高，而且物流便利。而内蒙古具有天然牧场的资源优势，奶业发达，支撑了乳及乳制品电商的发展。

茶类网络零售区域集中度较高，按零售额占比排序，福建、云南、广东、北京、浙江、安徽和山东七省（市）排名前七，共占全国茶网络零售额的

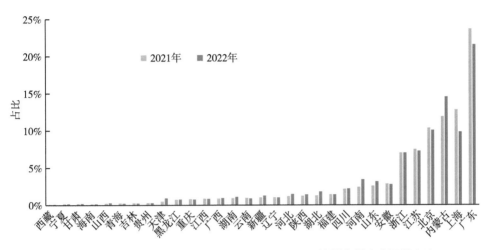

图 10　2021—2022 年各省（区、市）乳及乳制品网络零售额在全国的占比

80.0%以上（图11），零售区域高度集中于茶叶主产区或经济实力较强的省（市），其他各省（市、区）茶的网络零售额占比均不足3.0%。

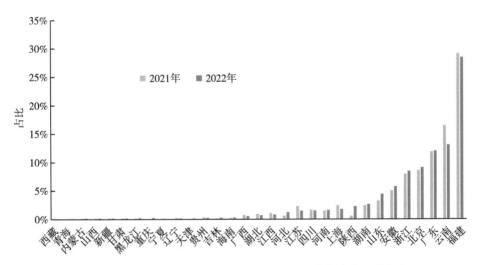

图 11　2021—2022 年各省（区、市）茶网络零售额在全国的占比

从粮油米面网络零售额占各省（区、市）农产品网络零售额的比例来看，

2022 年，黑龙江、辽宁、天津、吉林和广东五省（市）的粮油米面网络零售额占比较高，特别是东北地区的黑龙江、辽宁和吉林，凭借优质大米、大豆、杂粮等优势产业，粮油米面网络零售额分别占本省农产品总零售额的 44.3%、26.8% 和 16.3%（图 12），市场份额占比较大，粮油米面已成为东北地区农产品网络零售的主销品类。

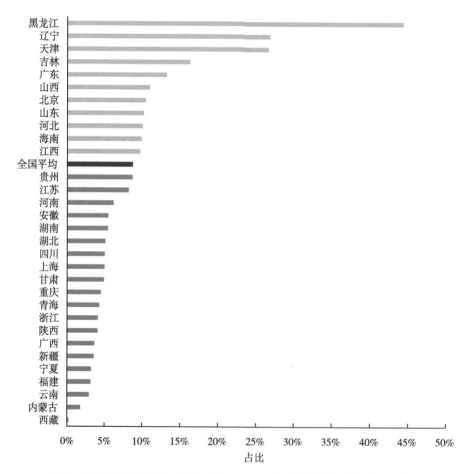

图 12　2022 年粮油米面在各省（区、市）农产品网络零售额中的占比情况

西北部地区农产品网络零售以养生滋补品为主。2022 年，西藏、青海、宁夏、甘肃和吉林等省（区）盛产各种养生滋补类农特产品，省（区）内养生滋补类农产品网络零售额占比相比其他省（区、市）高，分别占比77.1%、46.8%、46.4%、29.7%和29.5%（图13）。西藏的养生滋补品以冬虫夏草为主，网络零售额贡献率在18%左右；青海的养生滋补品以枸杞和冬虫夏草为主，近两年零售额占比均维持在15%以上；宁夏的养生滋补品以枸杞为主，占全区农产品网络零售额的50%左右；甘肃的养生滋补品以黄芪为主，网络零售额占全省农产品网络零售额的7.0%；吉林的养生滋补品以人参、西洋参和鹿茸为主，零售额分别各占全省农产品网络零售额的10%左右。

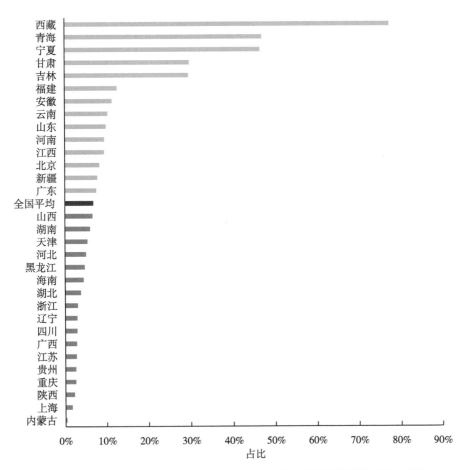

图13　2022年养生滋补品在各省（区、市）农产品网络零售额中的占比情况

2. 各地打造了各具特色的上行优势农产品品类

2022 年内蒙古乳及乳制品网络零售额均占本区农产品总零售额的 70.0%
以上（图 14），乳业电商已成为内蒙古发展电商的支柱型产业。新疆和青海作
为我国重要的农牧区，乳及乳制品业较为发达，网络零售额均占本省农产品总
零售额的 1/3 左右。

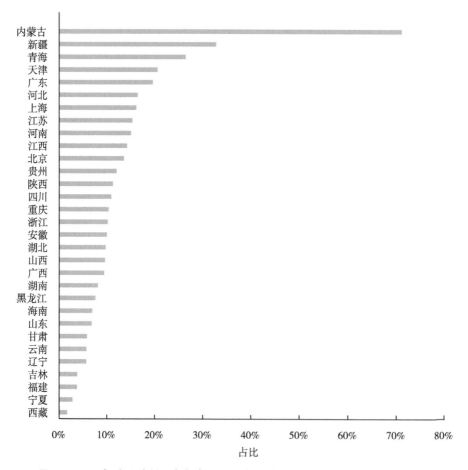

图 14　2022 年乳及乳制品在各省（区、市）农产品网络零售额中的占比情况

云南和福建茶网络零售额均占本省农产品总零售额的 1/3 以上，云南为
36.8%，福建为 34.6%，占比排在全国前两位（图 15），远远高于其他省

（区、市）。从二级品类来看，普洱茶零售额占云南茶网络零售额的 70% 以上。福建的白茶、红茶、乌龙茶销量较大，占福建茶网络零售额的 65% 以上。西部及北部部分省（区）如内蒙古、西藏、黑龙江等茶网络零售占比不足 1%，茶电商发展具有明显的地域特点。

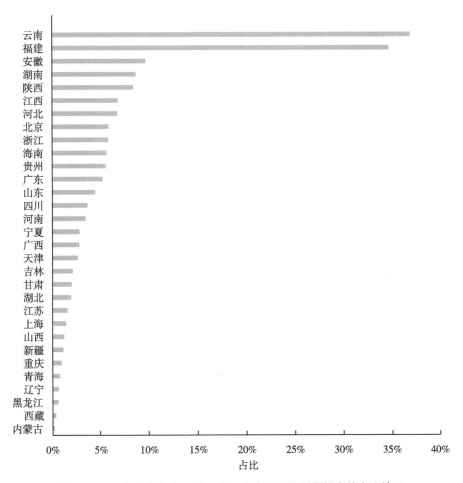

图 15　2022 年茶在各省（区、市）农产品网络零售额中的占比情况

从方便食品在各省（区、市）农产品网络零售额中的占比情况，广西农产品网络零售额有近 1/3 来自方便食品，方便食品零售额占比 38.2%（图16），方便食品带动广西农产品电商不断发展壮大。其次为河南省，方便食品

网络零售额占省内农产品零售额的 25.2%。

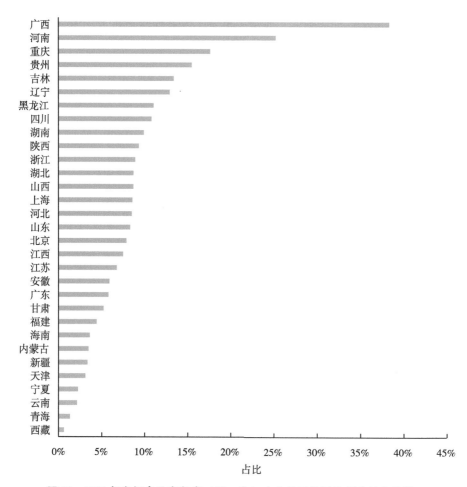

图 16 2022 年方便食品在各省（区、市）农产品网络零售额中的占比情况

以螺蛳粉为代表的方便食品受新冠疫情影响网络销售量大增，2020 年实现 78% 的零售额增速，2021 年疫情缓解导致需求减少，增速迅速回落，较 2020 年减少 6.5%。方便食品主要销售地为北京、上海、广东、浙江、江苏、广西等一线城市及经济发达地区（图 17），工作生活节奏快，对方便食品的需求量较大，广西作为螺蛳粉的发源地销量可观，上述六省（区、市）的方便食品网络零售额共占方便食品总网络零售额的 60% 以上。

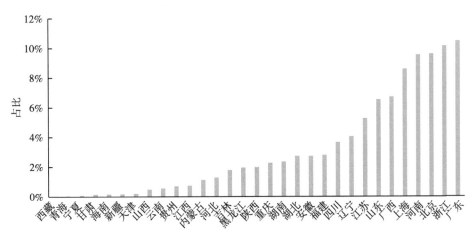

图 17 2022 年各省（区、市）方便食品网络零售额在全国的占比

3. 农产品网络零售注重品牌化发展趋势明显

近年来农产品区域品牌线上覆盖数量持续增加，农业品牌建设进入"快车道"，2020 年活跃的区域品牌数量为 1 197 个，2022 年增加到 1 372 个，覆盖品种数量从 2020 年的 366 个增加到 2022 年的 417 个；覆盖的地级市、自治州在 2022 年达到 323 个，相比全国 333 个地级区划，已接近全覆盖，农产品品牌商品数量更是从 2019 年的 56.3 万条增加到 2022 年的 101.1 万条，农产品区域品牌线上化进程明显加速。

从农产品区域公用品牌的四大区域对比来看（图 18），2022 年西部地区农产品品牌数量占比最高，达到 40.3%，较 2021 年提升了 3.1 个百分点，东部地区品牌数量占 28.4%，中部地区占 21.8%，东北地区占 9.5%，除西部地区外，其他地区农产品品牌数量占比相较 2021 年均有所下降，说明西部地区大量的农产品区域品牌正在被快速激活，特别是一些偏远地区通过网络零售将当地的区域特色农产品销售出去，农产品电子商务成为带动当地乡村振兴的重要一环。

2020—2022 年，全国农产品区域品牌销售额持续增长，且占比逐渐加大。区域品牌销售额在全国农产品的销售中的占比由 2019 年的 9.6% 增长到 2022 年的 10.5%。某些重点品类（如苹果、柠檬、枣等）品牌商品网络零售额市场占比较高，超过 50%；区域公用品牌海参销售额占全网海参零售额的近 80%。

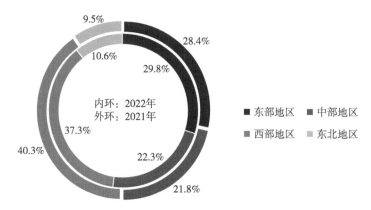

图 18　2021—2022 年线上农产品品牌数量区域对比

从品牌价格来看，2022 年，重点农产品品类的区域公用品牌网络零售成交均价明显高于非品牌同类商品，如品牌苹果成交均价高出非品牌成交均价 73.7%；品牌羊肉成交均价高出非品牌成交均价 54.5%；品牌蟹类成交均价高出非品牌成交均价 160.2%。消费者对区域品牌的认知度不断提升。

目前全网区域化品牌发展较好的品类依次为茶、水果、水产、粮食、中草药等，云南普洱茶、黑龙江五常大米、辽宁大连海参、山东烟台苹果等著名区域品牌在同品类农产品网络销售市场中占据绝对优势地位。

（三）农村地区发展增速略高于城市地区

2022 年农村电商总零售额 2.17 万亿元，同比增长 3.6%，农村地区消费需求持续不断释放。2021 年和 2022 年农村地区农产品网络零售总额分别为 1 090.4 亿元和 1 399.7 亿元，占全网农产品网络零售总额的比例分别为 17.8% 和 19.8%，2022 年较 2021 年同比增长 28.3%。2022 年城市地区农产品电商零售额 5 660 亿元，同比增长 12.4%（图 19），2022 年农村地区农产品电商发展增速略高于城市农产品网络零售额的增速，农村地区电商发展势头依然强劲。

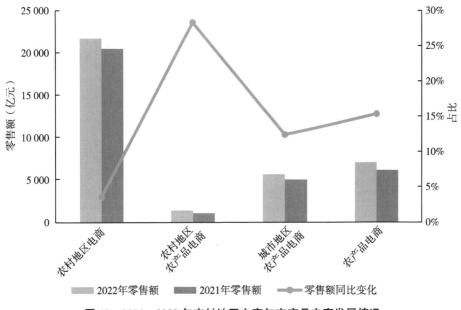

图 19　2021—2022 年农村地区电商与农产品电商发展情况

（四）农产品跨境电商呈现良好发展势头

在新冠疫情全球蔓延背景下，农业农村电商与跨境电商进一步创新融合，带动农产品跨境电商蓬勃发展，成为稳定农产品贸易基本盘的有效举措。2022 年，我国农产品跨境电商贸易额为 81 亿美元，同比增长 25.9%，其中，出口额 12.1 亿美元，同比增长 153%；进口额 68.9 亿美元，同比增长 15.7%。

农产品跨境数据显示进口农产品零售品类结构与国内农产品市场零售品类结构不同（图 20）。跨境进口农产品零售主要以乳及乳制品为主，2022 年乳及乳制品占总跨境进口零售额的 60.4%，占比较 2021 年又提升了 5.5 个百分点；其次为酒，零售额占比为 14.5%；养生滋补品占比为 8.4%；饮料占比为 7.4%；休闲食品占比为 4.6%；其他品类占比均不足 2.0%。跨境进口生鲜产品占总跨境进口零售额的 1.2%，其中以畜禽产品为主，零售额占跨境生鲜产品零售额的 50% 以上。

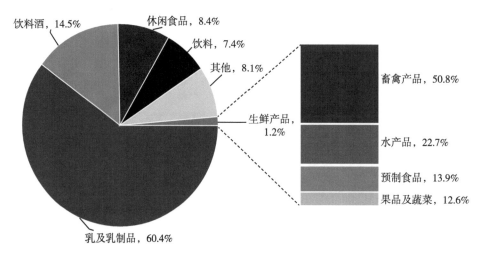

图 20　2022 年各类跨境进口农产品零售额占比

在出口方面，农产品跨境电商也保持了良好发展势头，直播、短视频等形式蓬勃发展，助力中国美食与传统文化的对外传播，带动了农产品品牌快速"出海"，不仅推动了农产品加工业包装业等相关产业的壮大与发展，更促进了电商脱贫兴农长效机制建设，激活了农业特色产业集群发展的新动能。

（五）网络批发交易撮合助力农产品上行

与农产品网络零售相比，农产品批发依然是整个中国农产品流通中最大的上行渠道。一亩田、惠农网、1688 等 B2B 电子商务平台，利用大数据解决传统农产品交易产销信息不透明、生产决策滞后的问题，让所有的产地生产者可以通过网络便利地查看全国各个市场的行情、走货量等数据情况，从而选择销售市场，确保生产者收益最大化。同时，平台还致力于在大数据系统的基础上，结合市场实际情况，构建内容丰富、用途广泛的农产品市场标准体系，引领农业生产向标准化、数字化方向发展。

一亩田立足农业，积极推动农民朋友增收致富，助力乡村振兴。为培养更多数字化人才，助力乡村振兴，一亩田发起"灯塔计划"新农人公益培训活动，通过走乡串镇的方式，为新农人进行免费的数字化培训。截至 2022 年年底，灯塔计划已经走进全国 16 个省的 60 多个县（市），直接面向 1 万多名新农人开展培训，助力主产区培养懂生产、善经营、会营销的新农人队伍。基于市场行情和物流大数据，一亩田在全国数十个市场建立了市场代卖渠道，为受新冠疫情困扰的种植户提供专业代卖对接服务。蔬菜促流通期间，全平台加强对卖难地区蔬菜品类的流量倾斜，全力提升卖难地区蔬菜产销对接效率，其中，帮助河南、山东、湖北、安徽、河北、山西、云南、重庆、天津、陕西、广东、内蒙古、甘肃 13 个出现滞销现象的省（区、市）成功撮合交易 120 万次，估计农产品销售额在 30 亿元以上。

阿里巴巴集团 1688 事业部和黑龙江省哈尔滨市双城区政府签署合作协议，共建 1688 哈尔滨产业带。目前已入驻商户 800 余家，累计销售额达到 7 亿元。平台在运营过程中充分发挥农业资源优势，定位优质农产品的产地 IP，通过打造黑土地优质农产品源头好货，快速将区域品牌产品推广至全国市场，让采购者和批发者、经销商和生产商更广泛对接，为区域电子商务和经济发展作出了巨大贡献。

惠农网通过搭建全国性的 B2B 线上交易平台，提供多元化的互联网信息服务，助推县域数字经济发展。近年来，惠农网通过线上线下融合的方式开展农业全产业链服务，深度下沉农村产地和市场销地，实施农产品品牌培育、供应链标准化打造、防伪溯源、电商人才孵化、站点物流建设、金融贷款等电商生态整体解决方案，加速产业链条上各关键环节的数字化改造，助力农业农村现代化发展。如惠农网在湖南省麻阳苗族自治县建设的公共服务中心带动全县农产品销售上亿元，产业实力整体提升。因产业带动作用明显、服务功能优势突出，惠农网县域服务已经在大江南北全面开花，深度服务县域突破 80 个。

农产品批发电子商务在帮助提升农产品销售效率，助力农产品流通高质量发展的道路上不断前行，正以农产品流通数字化的创新与探索服务乡村振兴。

三、农业电子商务迈入高质量发展新阶段

随着 2022 年中央一号文件提出实施"数商兴农"工程，农业电子商务将全面迈进高质量发展的新阶段，加速整合农业电商生态要素，进一步完善数字技术和基础设施建设，加强新模式新业态推陈出新，赋能农业产业转型升级，形成健康的可持续发展模式。

（一）基础设施建设不断加强，发展要素进一步完善

重点推进农村生产生活设施建设，加快补齐农村基础设施短板。网络设施、电力设施和道路交通等基础设施条件不断完善。截至 2021 年年底，我国建成 142.5 万个 5G 基站，总量占全球 60% 以上，行政村、脱贫村通宽带率达 100%①，现有行政村全面实现"村村通宽带"，完成了农村互联网基础设施建设全覆盖目标②。2022 年上半年，我国农村网民规模达 2.93 亿人，农村地区互联网普及率为 58.8%，城乡上网差距不断缩小。农村电网完成改造升级，农村平均供电可靠率达到 99%，94.2% 的村安装了有线电视。截至 2021 年，我国农村公路里程达 446.60 万千米，其中，县道里程 67.95 万千米、乡道里程 122.30 万千米、村道里程 256.35 万千米，进一步提高了农村物流配送效率③。

不断加强物流配送体系、冷链物流体系建设，农村邮政快递建设进程明显。截至 2021 年年底，全国建成改造县级物流配送中心 1 212 个，村级电商服务站点 14.8 万个④，快递服务乡镇网点覆盖率达到 98%。农村地区收投快递包裹总量达到 370 亿件，快递进村比例超过 80%。支持建设仓储保鲜设施约 5.2 万个，覆盖 545 个脱贫县，冷库容量达 8 205 万吨，同比增长 15.9%，冷

---

① 数据来源于国家互联网信息办公室。
② 数据来源于中国互联网络信息中心（CNNIC）第四十九次《中国互联网络发展状况统计报告》。
③ 数据来源于中华人民共和国交通运输部（简称交通运输部）。
④ 数据来源于农业农村部。

链物流市场规模约为 4 184 亿元，同比增长 9.2%。全国共建成运营益农信息社 46.7 万个，为农民和新型农业经营主体提供公益服务 2.9 亿人次，开展便民服务 5.9 亿人次。"邮快合作"已累计覆盖 23.9 万个建制村，覆盖率达到 48.5%，帮助快递企业代投快件约 4 亿件。截至 2022 年 8 月，全国实现了邮政服务局所乡镇全覆盖，55.6 万个建制村实现"村村通邮"。

（二）新模式新业态迭代发展，新消费潜力逐渐释放

直播带货成为农产品电商新热点。2022 年农产品网络零售规模已经超过 7 000 亿元，其中农产品直播达到 1 300 亿元左右规模，成为各地地方政府重点扶持的发展方向。湖北罗田县村支书走进直播间担任助农带货主播，开播 8 个月单场成交金额最高 180 万元，助农总成交额超过 8 000 万元。安徽金寨县 2021 年以直播电商销售为主的 68 家电商主体收购 3 075 户农户的 4 270.56 万元农产品。随着农产品直播带货不断发展，模式不断迭代升级，不仅有京东、淘宝、拼多多等电商平台开放的直播端口，更有抖音、快手、斗鱼等娱乐社交平台开放的直播购物通道。直播形式也由早期靠高颜值"网红大 V"、主播进行吆喝的"叫卖型"直播，演变为展示生产场景、制作过程等"内容型"直播方式，农产品直播电商品牌"东方甄选"凭借知识传播为主、带货为辅成功破圈，日均销售额超 2 200 万元，直播带货再次升级为"文化内涵型"直播模式。

即时零售线上线下齐发力。即时零售是指消费者在线上交易平台下单商品，线下实体零售店备货后交由自有物流或第三方物流完成履约的新零售模式，其时效性高，通常在 30~60 分钟内配送到家，适合销售生鲜农产品。艾瑞咨询数据显示，2021 年即时配送订单的农产品零售额 926 亿元，占当年农产品网络零售总额的近 1/10。相较传统零售或网购销售，即时零售利用线上流量为线下实体店开拓市场，线下服务和配送及时将流量转化为销量，线上线下深度融合共同发展。目前布局即时零售的平台有京东、达达、美团闪购、美团买菜、盒马鲜生、淘鲜达、天猫超市等。其中，2021 年京东超市联合京东小时购布局即时零售，已覆盖全国 400 多个城市、超 8.7 万家商超类实体门店。淘鲜达渠道销售额超过 900 亿元，同比增长约 56%。此外，即时零售加速在县域发力，挖掘下沉市场消费潜力。"线上下单，线下 30 分钟送达"已经

不再只是大城市的消费生活缩影，据统计，三四线城市即时零售的市场需求占比有所增长，随着县域商贸结构优化和物流体系完善，县乡消费市场供给丰富，下沉市场消费潜力正在加速释放。

社区电商短期内迅速扩张。社区电商主要服务于地理位置相近的社区居民，以生活刚需的生鲜农产品和日用品为主要需求，平台组织以"中心仓—网格仓—社区自提点"三级仓配体系完成履约，基本实现"线上预订+次日线下自提"的零售模式。社区电商中以社区团购发展最为火爆。2018年以来社区团购交易规模不断扩增，其中2019年增速达到300%的顶峰，之后虽然增速下降，但总交易规模仍逐年增长，至2021年我国社区团购市场交易规模达到1 205.1亿元，同比增长60.4%。目前仍然较为活跃的社区电商平台有兴盛优选、美团优选、多多买菜等。其中，美团优选在全国建有90多个中心仓，总面积超过100万米^2，配送范围覆盖全国20多个省（区、市）、2 000多个县、约30万个乡村，约有100万个社区自提点。

地方自建电商平台整合资源"抱团发展"。本地化电商平台专注本地化服务，注重本地资源整合，将散、小农户，农产品个体经营户和地方企业联合起来，发挥"抱团发展"的作用，提供更稳定的买卖市场和供应链渠道，作为一个整体提升成员在产业链各个环节的议价能力，降低运营成本，针对性提升当地农产品的市场竞争力。例如，甘肃省陇南电商平台通过建立"农户+合作社+基地+平台+社区店+直营店"的机制，连接了宕昌、西和、徽县的农产品生产基地，形成稳定、高质量的产品供应系统，通过在不同城市设立配送前置仓，缩短配送线路，2020年7月上线以来至2022年，两年间共交易6.28万单，累计2.2亿元。呼伦贝尔物产供应链平台采用招募电商、自营电商、直播、线下门店、招募分销商、大客户采购等全渠道方式展开农产品销售，并对接物流、快递完成配送，形成含供应商、服务商、分销商、物流商、金融机构、消费者全流程管理的"农业+互联网"商业平台，于2020年9月正式投入运营，整合了全市151家农畜产品加工企业的1 000余款产品，带动企业增收3 000万元以上。

（三）对接农产品消费需求，助推农业供给侧结构性改革

农产品电商的兴起为农村经济产业的发展注入了新的力量。与传统线下销

售模式相比，网络渠道农产品销售拥有更广阔的市场，促进了农业产业的规模化发展、标准化运营和品牌化建设，有效带动了农业产业提质增效全面发展。

带动规模化发展，激发当地经济活力。农产品电商为促进乡村产业振兴拓展了新道路，将当地特色农产品延伸发展为特色产业，带动农业经济规模化、产业化发展，为推动农业农村现代化和乡村振兴贡献力量。重庆市巫山县因地制宜种植烟薯，由专业营销策划人员通过抖音、快手、淘宝等平台进行立体化销售，2022 年实现亩产值 9 000 元。电商助力下的烟薯种植产业不仅"盘活"了当地的荒废土地，还刺激了地方特色产业规模不断扩大。陕西省延安市周湾镇以贝贝南瓜为地方特色果蔬产业，通过电商销往全国各地，至 2022 年 9 月，已建成日光温室大棚 226 座、小拱棚 100 座、连栋棚 2 座，贝贝南瓜种植面积达到 3 000 多亩①，年产量达 400 万千克，年产值约 480 余万元。

带动标准化运营，提升产品质量。农产品电商在加速农产品销售的同时，市场和消费者对农产品的安全性、可追溯性、产地和指标认证等提出更高的要求，倒逼农产品本身和其生产过程的标准化建设。新疆和田地区引导网货产品标准化发展，制定并实施《和田地区农产品溯源升级方案》，搭建和田地区溯源管理平台，围绕和田大枣系列、玫瑰花系列等 54 款产品进行质量追溯。安徽金寨县对 3 家电商主体开展食品安全管理体系认证和开发网销产品的设施设备投入予以奖补，全县有油、面（手工挂面）、茶、休闲食品、保健食品、特色产品等 400 余种标准化网销产品，其中茶叶、香薯干实现直播销售过亿元。四川汉源县从源头上抓品控，引进国内外优良花椒品种 83 种，培育本土优良品种 7 个，推广汉源花椒栽培管理技术标准 10 余套，汉源花椒良种覆盖率达 100%。

带动品牌化建设，创造产品溢价。农业品牌有助于农产品从海量同类产品中脱颖而出，增加消费者回购黏性，建立可持续性发展路径。有品牌的农产品不仅凭借其品牌背书和质量保证获得消费者的忠诚度，也带来品牌溢价。宁夏贺兰县探索枸杞产业高质量发展路径，结束了"无品牌、无品质、无品位"的"三无"发展历史，开启枸杞制品的新消费时代。2021 年宁夏枸杞电商销售额占全省农产品电商销售额的 83.8%，成功将枸杞打造为宁夏区域品牌的名片。农产品电商在助推农业品牌建设，提高农产品的影响力和竞争力，助力农

---

① 1 亩≈667 米²，全书同。

业产业全链条增值，全面提升现代农业发展方面发挥了重要作用。

（四）促进一二三产业融合，激活乡村发展新动力

推动电商相关产业集群发展，激发乡村发展新动力。近年来，农业电商在推动农业产业集群发展，完善农产品电商产业链条，促进乡村经济发展方面发挥了重要作用。2021 年，安徽砀山电商企业达 300 多家，网店和微商近 6 万家，电商年交易额超 60 亿元，带动彩印包装、创意设计、快递物流等二三产业的快速发展，全县已建成 109 个涉及"电商运营、创业孵化、就业培训、扶贫车间、产业基地、物流配送、便民服务"等业务的村级综合服务点和便民网点，成功带动 10 余万人从事电商、物流、直播等相关产业。广西柳州螺蛳粉借力电商走红全国，2021 年柳州袋装螺蛳粉销售收入达 151.97 亿元，并逐步形成了原料生产、产品加工、品牌打造、线上销售、周边文创的全产业链，带动配套及衍生产业销售收入达 142.83 亿元，串起了一条乡村致富链。各地充分挖掘当地特色产业，借助农产品电商的"东风"，聚集产业资源，带动相关产业规模效益全面提升，形成了农村经济新的增长点。

丰富"电商+农业+文旅"新业态，开拓乡村富民新路径。农产品直播电商等新业态模式在农村地区的不断渗透，为休闲农业、农文旅等产业的发展提供了新的赛道。乡村文旅直播、短视频带货在推广乡村小众景区、特色民俗风情、精美文创产品上具有极佳效果，土生土长的主播围绕本地特色直接与游客在线互动，乡村风光、民俗文化通过直播和短视频生动呈现传播，促进了乡村旅游、休闲农业、民宿等产业蓬勃发展，创新丰富了乡村致富新机制。浙江省杭州市临安区白牛村以白牛产业为特色，积极打好"电商+文旅"组合拳，全力构建"游村落景区、吃唐昌风味、住山乡民宿、品地域文化"的产业融合发展新格局。白牛村每月游客量近 4 000 人，实现了乡村旅游与电商的"双赢"①。河南濮阳市濮阳县海通乡以万亩荷花带为依托，打造"文信荷园"休闲旅游基地，并邀请本地直播"网红"通过直播带货、拍摄短视频和旅游攻略等方式多方位立体式宣传，让海通乡一些"养在深闺人未识"的乡村美景

---

① 资料来源于浙江省杭州市临安区电商模式报告。

为天下所知，2022 年海通乡接待游客同比增长 20%①。山东济宁市泗水县借助电商"快车"，突破县内文旅行业区位限制，吸引超过 50% 的文旅企业入驻各类电商平台，在淘宝、京东、抖音等平台的年销售额达到 2 亿元以上②。农产品电商凭借强大的宣传推介功能，充分实现了生态环境资源、历史文化资源向产业资源、经济资源的高效转化，创新乡村富民发展新产业。

（五）激励"新农人"创业，助力农民增收致富

激发"新农人"创业，增添乡村活力。农产品电商已成为农村创业的新舞台，激发带动了大批农民工、大学生等返乡创业，为农村带来了人气，增添了活力。2021 年全国累计返乡入乡创业人员达 1 120 万人，同比增长 10.9%，其中 80% 以上创业项目为农产品直播、农事体验等一二三产业融合项目③。2022 年"大国农匠"节目"乡村星主播"一等奖获得者徐铭泽大胆创新，打破室内直播惯例，走进长白山在户外挖灵芝、采鹿茸，边采集边直播，依托别样的山间野趣广受"粉丝"欢迎，成为当地的"带货达人"，并引领偏远的吉林省白山市抚松县刮起"电商风"，激发了当地超过 200 多名从业者搭上农产品电商创新创业的快车。山西省吕梁市文水县刘胡兰镇的"新农人"李诗宣 2021 年通过网络销售当地肉牛、贡梨等特色农产品超 1 亿元，吸引当地多家养殖场、屠宰场、加工商以及超过 100 位"95 后"参与到电商产业中④，共同打造"英雄电商小镇"，赋能乡村振兴。返乡创业的"新农人"不仅壮大农产品电商的人才队伍，也逐步成为农村基层生产与生活的主心骨和领头雁，有力推动创业带动就业，为乡村振兴注入强劲的新动能。

助力农户增收致富，巩固拓展脱贫攻坚成果。农产品电商作为助农增收的重要载体之一，为脱贫地区巩固拓展脱贫攻坚成果注入了强大的动力。黑龙江省佳木斯市桦川县依托"有机桦川"电商平台，以"公司+合作社+脱贫户"

① 资料来源于"今日龙乡"（中共濮阳县委宣传部公众号）。
② 资料来源于《中国旅游报》（http://www.ctnews.com.cn/paper/content/202201/17/content_62340.html）。
③ 资料来源于中国产业经济信息网（http://www.cinic.org.cn/xw/szxw/1359103.html? from＝singlemessage）。
④ 资料来源于拼多多《2021 新新农人成长报告》。

"公司+脱贫户"的模式，带动脱贫户发展订单种植，促进脱贫农户增加收入。2021年全县7个乡镇6193名脱贫人口累计增收885.3万元。江西省吉安市遂川县以"电商物流"为重点，充分发挥政企协同效应，集多方之力做大做强县级农产品电商运营中心，完善电商生态体系，带动农户创业就业增收，2021年带动600多人在电商领域创业就业，3000多户脱贫户户均增收500多元。陕西省商洛市柞水县依托木耳产业，通过"832"平台入驻企业28家，活跃供应商19家，上架产品248种，累计销售柞水木耳等农产品4342余万元，人均增收1000元。农产品电商不仅解决了脱贫地区农产品卖难问题，还通过产业带动、就业带动等方式，共享产业增值收益，帮助脱贫户持续增收致富，农产品电商俨然已成为巩固拓展脱贫成果最直接、最有效的途径之一。

四、农业电子商务发展热点和竞争重心转移

目前，我国农业电商新模式层出不穷，县域电商、互联网平台持续发力，保持了稳步增长态势，但相较往年增速有所放缓，进入运营成本剧增、竞争日益激烈的关键时期，迫切需要转变发展思路。农业电商发展重心逐渐从注重电商销售向发力布局长远价值沉淀转移，聚力打造下沉市场，优化升级产业链供应链，提升农业品牌价值，以期打开新消费市场局面，进一步夯实农产品电商持续健康发展的基础。

（一）低线城市下沉市场潜力将持续释放

近年来，农业电商布局县域下沉市场势头不减。随着城镇化加快推进、居民收入不断提升和乡村基础设施逐步完善，下沉市场成为我国消费市场中最具增长潜力的区域。一是政策引导为布局下沉市场指明方向。2022 年中央一号文件提出，要加强县域商业体系建设，对加快农村物流快递网点布局，支持供应链体系向县域及中心镇下沉布局做出部署安排。同时，大力推进数字乡村建设，推进智慧农业发展，拓展农业农村大数据应用场景，县域市场基础设施不断完善，为加速农业电商在县域布局提供了基础支撑。此外，乡村振兴战略深入实施，促进农村消费是重要组成部分。财政部、商务部、国家乡村振兴局共同实施县域商业建设行动，不断扩大电子商务覆盖范围，从政策层面鼓励各类农业电商主体在下沉市场大显身手。二是电商平台积极推动下沉市场布局。平台企业对下沉市场的重视程度和依赖度逐步提升，通过本地化与精准化营销加速向下沉市场进军。阿里平台推出淘特，京东推出京东极速版，都是专门针对下沉市场消费群体开发的平台载体。本地化平台在布局县域市场上的优势更加明显，通常以区域内消费者为服务对象，采用线上线下结合方式、线上下单当天和次日送达，产品品类丰富多样，品质较高，得到下沉市场消费者喜爱。重庆市打造"八味渝珍"农产品电商平台，累计整合全市 2 765 家企业、9 963 款产品，2022 年 1—8 月，全市农产品网络销售额 111.2 亿元，同比增

长 19.3%。未来一段时间，城乡区域协调发展的体制和政策体系将更加完善，城乡人才、资本、信息等要素双向流通，下沉市场仍将是农业电商竞相角逐的潜在增量市场。

（二）标准化品牌化集群化驱动愈加增强

"十四五"期间，深入推进农业绿色发展，按照品种培优、品质提升、品牌打造和标准化生产的要求和部署，在更高层次、更深领域推动农业电商品牌化、标准化发展，农业品牌数量快速增长，品牌效益显著提升。一是标准化成为发展方向。2022 年农业农村部印发《开展国家现代农业全产业链标准示范基地的通知》，遴选确定 11 个品种 109 个现代农业全产业链标准试点基地，进一步推动农业全产业链标准化。截至 2021 年年底，全国绿色、有机和地理标志农产品达到 5.9 万个。同时，加快建立农产品电商标准体系，重点围绕农产品质量分级、采后处理、包装配送等内容构建农产品电商标准体系框架。2021年，累计创建全国"一村一品"示范村镇共 3 673 个，标准化、品牌效应将持续显现。二是电商品牌更响更亮。印发《农业农村部关于加快推进品牌强农的意见》，指导开展品牌目录建设，发布《农业品牌精品培育计划（2022—2025）》，制定农业品牌首个行业标准《农产品区域公用品牌建设指南》，夯实品牌基础。以此为契机，农产品电商不断创新品牌营销模式，借助中国农民丰收节等活动，举办各类线上品牌活动，提升农业品牌知名度和影响力。恩施玉露、柞水木耳、雷波脐橙等品牌农产品平均溢价超过 20%。"蒲江雀舌""安岳柠檬"等区域公用品牌入选首批中欧互认地理标志产品目录，今后品牌价值还会继续发力。三是县域电商产业集群化发展趋势显现。农业电商持续深耕农村市场引导上中下游各环节、大中小类主体协调联动，建设农业全产业链，打造各具特色的农业产业带，建立健全农民分享产业链增值收益机制，形成有竞争力的产业集群，持续建设聚集融合发展平台。截至 2022 年，全国累计创建 140 个优势特色产业集群、250 个现代农业产业园、1 309 个农业产业强镇、300 个农村一二三产业融合发展示范园。农业电商推动农村一二三产业融合发展将成为推动区域经济高质量发展的新动能之一。

（三）供应链成为农产品电商竞争的关键

当前，农产品市场竞争已经演变为不同区域、不同国家之间的产业链、供应链的竞争。农业供应链是围绕区域农业主导产业，将研发、生产、加工、储运、销售、品牌、消费和服务等各个环节、各个主体链接成紧密关联、有效衔接、耦合配套、协同发展的有机整体，是对农业全链条、全过程、全流程进行的科学分析、系统谋划、顶层设计，旨在打造农业全产业链。正因如此，聚焦吸引流量的"价格混战""低价竞争"等价格战模式已经不能适应现代农业产业发展的趋势，更不能满足消费者日益增长的品质需求，加快布局农业全产业链，争夺供应链竞争优势成为农业电商竞争的热点领域。近年来，农业电商沿着"一纵一横"的发展路径打造农产品全产业链，进一步提升了价值。一纵，就是纵向拓展新的产业，贯通产加销，创造新供给。发挥农产品供应功能，将生产向加工、流通、品牌、销售拓展，提升新供给能力。一横，就是横向拓展新的功能，融合农文旅，培育新业态。通过发展乡村休闲体验、生态涵养、文化传承等功能，拓展农业休闲、旅游、养生、文化、教育，催生新业态类型。湖北三峡蜜橘打造了农产品供应链体系的样板。建设宜昌优质农产品电商物流中心，对成熟蜜橘进行分拣包装、统一配送，借助供销云果、绿念农业、夷陵红等电商企业对接京东生鲜、盒马鲜生、拼多多、美团等 20 多个电商平台，日发货量达到 3 万单以上。同时积极建设本土小程序，开辟直播带货新路径，推广社区团购新零售模式，并且依托千亩生态观光橘园，打造橘园品橘、观赏橘都秋色、体验采摘乐趣等农文旅新业态，推广夷陵农产品品牌。2021 年湖北省宜昌市夷陵区农产品网络零售额增幅超过了 30%。未来，农业电商比拼的仍将是对供应链的掌控能力。

（四）电商成为农业产业数字化重要引领

农产品电商颠覆了传统销售模式，率先实现销售端数字化转型，未来，数字化将不断从餐桌延伸到土地，数据将成为农业增产增收的"新化肥"。农产品电商将充分利用其对接广域市场和应用大数据等优势，发挥自身的示范引领作用，成为农业全产业链数字化的强大驱动力，助力数字经济发展。一是数字化营销日益普及。随着我国农产品电商市场规模不断扩大，电商产品、渠道和营销不断创新和迭代，电商营销模式逐渐由传统粗放营销转变成更有效的精准营销，用户画像、精准引流、精准推送、区域投放等数字化营销手段逐步被应用。2022年3月广东省农业农村厅与各大平台配合推出"徐闻菠萝"相关话题词条，借助大数据平台精准引流，"菠萝的海"等多个话题阅读量数据飙升，搜索量同比增长11倍，菠萝日销量突破67万斤[①]，较2021年同期增长235%，"徐闻模式"再创新高。浙江临安区创新探索"运作市场化+运营实体化+营销精准化"的电商协作模式，利用"山核桃产业大脑"等数字平台进行用户画像和品牌管理，扩大了临安碧根果、杏仁等名优农产品的销售半径。2022年"网上年货节"平均网销额较2021年同期增长超过50%。在电商大数据助力下，农产品生产经营者通过数字化营销手段挖掘到更多潜在客户和商机，更多优质农产品得到了推广，让更多农产品电商从业者看到了数字化营销带来的巨大变化。二是数字化品控势头强劲。农产品品质良莠不齐一直是农产品电商发展的痛点和难点，各地区和平台从销售端发力倒逼农产品标准化提升，加速数字技术和数据赋能农产品品控。山西隰县充分发挥玉露香梨数据平台和数字化交易中心作用，并依托数字化产地仓实现玉露香梨的智能化筛选分级，每条分选线每年可分选2 000万斤香梨，增加利润400万元，促进全县玉露香梨统一品质、统一标准、统一防控，实现玉露香梨产品溢价。广东梅州市借助大数据平台，进一步提升梅州蜜柚品牌形象，打通国内外销路，通过智能采摘机器人根据果实糖分、水分、农药残留等进行差异化、精准化采摘和分级，对残、次、裂果进行深加工。在高标准品控下，2020年梅州蜜柚成功打入欧美市场，入选为"中欧100+100"地理互认互保产品。数据赋能农产品品控，推动"农产品变农商品"，满足了不同渠道和市场需求，是未来农产品电商高质量发展的重点方向。三是数字化生产趋势显著。农产品电商从源头出发，借助其数据优势发展数字农业、智慧农业，为消费者提供品牌化、规模化、标准化的农产品。广东茂名市建成荔枝产业大数据中心，对荔枝市场行情信息精准触达、生产环境实时监控，通过精准化生产管理，果园减肥减药量达到40%以上，产品合格率达到100%，收益提高20%以上，真正实现了茂名荔枝"卖好品牌，卖好品质，卖好价钱"。此外，智能化养猪场、智慧农场陆续

---

① 1斤=0.5千克，全书同。

落地江苏海安、吉林白山、浙江安吉和四川成都等地，各大电商平台利用自身互联网优势，以科技赋能养殖业，提高养殖效率，降低养殖风险和成本。数字农业帮助农业生产经营者实现智能化生产管理，为农产品上行提供标准化和常态化的供应链保障，是农产品电商发展的新方向。

（五）直播电商成为新赛道

近年来，随着电商体系的不断发展成熟，用户规模逐渐触达天花板，流量获取成本也越来越高，"直播+电商"模式的兴起逐渐成为热门，直播带货作为一种融合了电子商务和实时视频直播的模式，也为农产品销售带来了全新的机遇，成为农业转型的下一个风口。电商直播打破了时间地域限制，一方面，农产品生产者可以向消费者实时展示农田里农作物生长情况以及农产品加工过程等真实场景，直观地展示出农产品的品质，增强了消费者对农产品的信任感和购买欲望；另一方面，直播过程中消费者可以与主播互动，就产品进行提问，获得实时解答，这种互动性又进一步拉近了农产品与消费者之间的距离。新冠疫情期间，农产品滞销时有发生，直播成为产销对接的重要手段，成千上万的新型职业农民将直播电商与农产品销售相结合，不仅解决了农产品滞销的问题，还通过个性化的直播内容，建立了自己的品牌形象，从而稳定并拓宽了收入渠道。

2021年农业农村部颁布了《关于拓展农业多种功能促进乡村产业高质量发展的指导意见》，明确要做活做新农村电商，培育农村电商实体及网络直播等业态。2022年中央一号文件提出"实施'数商兴农'工程，推进电子商务进农村""促进农副产品直播带货规范健康发展"。除政策的加持外，各地方政府也出台了一系列的举措：通过开设直播电商培训班，积极拓展人才储备；通过建设直播电商配套设施，吸引电商专业的大学毕业生或高水平的电子商务人才返乡创业；通过与电商平台合作帮助农民线上引流等。在流量的加持和政府的鼓励下，越来越多的农民加入"直播电商"队伍，农村直播电商走上了时代风口，正在转变乡村的商业模式，成为实施乡村振兴战略的重要动能。

五、推动农业电子商务持续发展的政策建议

农产品电商是建立现代农业产业体系、促进乡村产业振兴的重要支撑，在乡村振兴战略中起着重要作用。要树立抓电商就是抓产业、抓发展的思想，把农产品电商作为乡村产业振兴的"衣领子"，进一步做大做强做活农产品电商产业，推动农产品电商与农业产业深度融合发展，健康有序发展各类电商新模式，充分发挥电商渗透融合作用，引领带动乡村全面振兴。

（一）强化基础设施建设，挖掘农村电商发展潜力

一是推进线上线下流通体系建设。协调推进农村道路等基础设施建设，推动农村公路进村入户，推动加强乡村产业路、旅游路建设，促进农村道路与乡村产业融合发展。布局建设骨干物流网络和配送中心，改造提升传统物流网点现有设施设备，促进农产品出村进城。充分利用互联网提高农产品零售和农产品批发的对接效率，大力发展 B2B、交易撮合等 B 端农产品电商，引导规范发展社区电商、直供直配、O2O 等新模式，构建多元化的农产品现代流通体系。二是加快产业集聚发展。依托农产品产地冷藏保鲜整县推进试点、"互联网+"农产品出村进城等项目，提升现代农业产业园建设水平，聚焦县域主导产业培育优势特色产业集群，引导农民、电商龙头企业和服务商等要素集聚，推动农产品电商集聚发展。三是推动电商+农文旅深度融合发展。推进智慧乡村生态旅游模式的建设，整合农业农村生态旅游资源，探索游、玩、吃、住、购和场景体验等一条龙式旅游电商服务模式，带动引领农村特色旅游电商发展。加快发展智慧农业，建设数字田园和智慧农场，促进农业生产经营、管理服务精准化、智能化。

（二）提升产业链供应链能力，拓展农产品增值空间

一是加快实施"互联网+"农产品出村进城工程。以县域农产品产业化运

营主体为龙头，以市场需求为导向，以品种培优、品质提升、品牌打造和标准化生产为核心，以现代信息技术和电商大数据为纽带，引导带动产业链上下游各类主体，构建新型农业产业链供应链，打造农产品电商发展新模式、新业态。二是持续推动全链提质增效益。大力发展农产品初加工、精深加工和副产品综合利用，带动产前生产环节和产后流通环节全链条发展。创建现代农业产业园、优势特色产业集群、农业产业强镇，引导龙头企业建设特色农产品生产基地，布局加工产能，打造农业全产业链，提升农业综合效益。三是加强农业品牌建设。挖掘特色资源和历史传承，培育品质好、叫得响的知名品牌和区域公用品牌，加快产供销全链条一体化的标准研制和推广应用。依托中国国际农产品交易会等大型展会，开展线上线下宣传推介，推动建立长期稳定的产销对接机制，着力拓展电商农产品价值链增值空间。四是推动农产品电商向品质竞争和供应链效率竞争发展。营造农产品电商良好的竞争秩序，监管、规范与发展并举，引导农产品网络零售从流量竞争转向品质竞争和供应链效率竞争。推动行业自律，出台相关农产品经营自律公约，引导相关方抵制低价倾销、刷单等扰乱市场秩序的行为。

（三）加强市场主体培育，激活电商发展内生动力

一是推进县域电商服务体系建设。培育壮大农业专业化服务组织，推动市场主体建设县域农业全产业链综合服务中心，帮助小农户使用电商新设备新技术。加快本地化运营商、分销商、服务商等主体培育，提高本地化电商服务水平。二是加强人才培训。对农产品电商从业人员开展分层分类培训，加强技能型、运营管理型电商人才培养。依托现有培训机构，分别在东中西部设立一批直播电商实训基地，鼓励各地培育本地农民主播，实现一镇一主播。组织电商企业和专家到部分乡村振兴重点帮扶县，开展电商专题培训和平台对接活动。组织开展"中国农民丰收节金秋消费季""农产品年货大集"等农产品专项促销活动，以及全国农产品电商技能比武大赛等。三是完善利益联结机制。按照服务小农户、提高小农户、富裕小农户的要求，加快构建扶持小农户发展农产品电商的政策体系。指导地方以村集体为单位搭建服务小农户电商发展的平台，组织小农户发展农产品电商试点有关项目，健全利益分红、股权合作等利益联结机制，带着农民干、帮着农民赚。

（四）推进大数据建设应用，夯实农业电商创新基础

一是促进电商大数据共建共享。全面加强和完善软硬件等数字基础设施建设，实现 5G 网络、视频监控全覆盖，注重农产品电商销售、流通等数据的采集。鼓励农产品电商企业积极开展物联网、区块链等先进信息技术的应用和创新，培育数据服务型企业和数据资源管理型公司，收集、整合、加工电商数据资源，探索数据流通和数据价值化的新路径。因地制宜建立农产品电商统计监测分析制度，提高数据整合和应用能力。二是推动农业全产业链数字化。积极推动数字平台企业下沉乡村，通过驻村技术官、科技服务团队与农户建立沟通交流机制，提高农户的操作能力，实现数字农业应用与劳动者之间的配套。强化现代信息技术在农业生产、加工、流通 3 个环节的应用，建设一批智慧农场、智慧牧场、智慧渔场，加快智慧农业从示范基地走向实际生产。三是推进数字化智能化物流配送。加快冷链物流网络基础设施的互联网化，实时采集传输路径、环境、车辆和货物的监测数据。建立物流信息平台，帮助运输设备快速识别接收信息，做到全程可控、可视、可分析。鼓励企业开展数字化自动分拣流水线、物流机器人、自动化仓库等数字设备在货物整理、分拣和进出库等环节的应用，提高农产品仓库内物流效率。

第二章

地区篇

一、天津市农业电子商务发展报告

（一）主要做法与成效

1. 出台配套政策

印发《2022 年天津市地方标准立项指南》，突出高标准农田建设、小站稻产业振兴、粮食节约减损、推进农业机械化和农机装备产业转型升级、油料作物规范管理、现代种植养殖技术、动植物疫病防控、农产品质量安全、生态农业、休闲观光农业、新型农业经营主体构建等方面标准建设范围。多部门协同发力，联合出台《关于延长该市重点群体创业就业有关税收优惠政策执行期限的通知》《天津市关于促进退役军人投身乡村振兴的若干措施》《天津市引导各类人才返乡入乡服务乡村振兴措施》等多份地方政策支持文件，为助力乡村振兴不断增添新的政策红利。

2. 谋划推动项目建设

一是积极争取中央预算内资金支持。已争取中央预算内资金和政府专项债超 2 亿元，支持该市乡村振兴工程项目，实现科技强农。二是积极推动项目建设。做好服务，助推天津市农作物品种测试站、天津市宝坻区畜禽粪污资源化利用整区推进项目建设，进一步巩固该市育种能力，提升农业设施化水平。三是做好项目前期工作。根据国家支持方向精准组织项目，加快推动奥群肉羊育种、宁河原种猪场育种创新能力提升项目，以及天津淡水产品精深加工科研试验基地建设项目等前期工作，做好市级政府投资项目审批。

3. 加快推进农产品供应链体系建设

一是加快硬件设施建设改造，优化批发市场交易环境。推动蓟州区蔬菜批发市场、静海区海吉星农产品批发市场共投资 9 398 万元进行提升改造。推动静海区海吉星农产品批发市场公益性功能建设，投资 2 亿元建设生鲜电商中心、16 个交易大厅、加工配送基地、农产品检测实验室、农民自产农产品交易区等项目。二是争取农产品供应链体系建设中央资金。以市政府名义申报的

《加快农产品供应链体系建设进一步促进冷链物流发展实施方案》，得到商务部、财政部支持，2022—2023年连续两年，每年获得中央财政补助1.7亿元用于该市农产品供应链体系建设。三是用好农产品供应链体系建设中央资金。已完成第一批、第二批及重点保供单位共76个项目的评审验收，并已对外公示。

4. 深入推进"快递进村"工程

一是推动出台《天津市加快农村寄递物流体系建设实施方案》，明确分类推进"快递进村"工程、完善农产品上行发展机制、加快农村寄递物流基础设施补短板、继续深化寄递领域"放管服"改革4项重点任务，并由涉农区财政负责落实邮政快递末端基础设施规划建设、运营维护的支出责任。二是市邮政管理局联合市农业农村委、市交通运输委印发了《关于贯彻落实〈天津市加快农村寄递物流体系建设实施方案〉有关事项的函》，成立市农村寄递物流体系建设工作协调小组，组织召开了协调小组办公室联络员会议，专题推动农村寄递物流体系建设相关工作。三是推动将"加快农村寄递物流网点布局"等重点任务落实纳入了该市乡村振兴实绩考核体系，为督促各涉农区落实属地财政事权和支出责任，以及提升村级寄递物流综合服务站覆盖率提供了有力抓手。

5. 实施"邮政在乡"工程

通过开展调研座谈等方式，督促邮政企业落实中央及该市推进乡村产业振兴、推动农村寄递物流体系建设等政策文件要求。邮政企业结合"津产名品"持续培育了西青沙窝萝卜、津南小站稻等邮政服务现代农业"一市一品"精品项目，助力农产品出村进城，带动农民增收。2022年西青沙窝萝卜累计销售额约35万元，津南小站稻累计销售额约140万元。引导寄递企业服务该市本地特色农产品寄递，助力"津农精品"出村进村。2022年快递服务农产品产生业务量约280万件，产生快递业务收入约2800万元，带动农产品产值约1.2亿元。

6. 县域体系建设

成立由市商务局牵头，市农业农村委、市供销合作总社等17部门组成的县域商业工作协调机制，制定《天津市县域商业体系建设行动工作方案》，申请2022年度中央专项资金6010万元，用于该市农村商业体系建设，提升改造乡镇商贸中心、农贸市场、物流配送中心、冷链设施等。发挥邮政、供销、国有商业企业等骨干作用，补齐商业业态，增强服务功能，引导消费新业态向农村拓展，建设区级物流配送中心、乡镇商贸中心、乡镇快递物流项目超过10个，提升改造一批农村集贸市场和连锁化便利店。推动农产品上行，建设一批产地冷藏保鲜设施，提高农产品附加值，建立覆盖产地、批发、配送等各环节的冷链物流网络。

7. 强化服务保障

公安交管部门推行进一步便利配送货车在城市道路通行的服务保障措施，通过公安交管12123 App平台为农产品运输车辆在线核发货车通行码，其中经商务、交通等行业主管部门认定的农产品运输车可申办公共服务类民生运输长期专用通行码，群众还可结合实际运输需求在线申办临时、短期零散运输通行码，即时申请、快速核发，持对应货车通行码车辆可在非高峰时段外环线及以内道路便利通行。截至2022年年底，该市全年申请商标注册71 347件，核准注册54 955件，共有有效注册商标399 652件，较2021年同期增长13.3%，其中申请农产品商标9 528件，注册农产品商标6 881件。积极推进涉农区域重点特色农产品地理标志登记以及农产品商标申报工作。"崔庄冬枣"地理标志产品申报材料已上报，国家知识产权局正在审核中。"茶淀玫瑰香葡萄"被国家知识产权局确定纳入2022年国家地理标志保护示范区建设筹建名单。

8. 提升优质农产品市场竞争力

为加快推进该市农业品牌化建设，不断提升"津农精品"知名度、美誉度和忠诚度，天津市农业农村委会同市农学会、天津食品集团等单位共同建设了天津市"津农精品"展示中心，运营至今已成为该市农业农村工作对外展示的平台和窗口。截至2022年，展示中心先后迎接各级领导参观考察30余次，启动了抖音号、微商城、公众号的上线运营，累计销售额300余万元，带动联合门店销售近1 000万元。同时充分利用各种形式进行宣传，累计投放公众号宣传文案60篇、抖音短视频20条，有效提升了品牌影响力和市场竞争力。为加快提升农业生产"三品一标"①水平，制修订农业地方标准30项。"津农精品"品牌总数达到212个。全市小站稻种植面积（含飞地）稳定在100万亩，小站稻品牌入选全国首批农业品牌精品培育计划。新建10万亩稻渔综合种养基地，带动全市稻渔投产面积达到53.5万亩。

---

① "三品一标"指无公害农产品、绿色食品、有机产品，以及农产品地理标志。

9. 推进农产品产地冷藏保鲜设施建设

一是组织各涉农区制定了区级农产品产地冷藏保鲜设施建设实施方案并进行公示，累计建成 50 个农产品产地冷藏保鲜设施。二是带领专家技术团队实地调研指导，完成实施主体的线上申报、立项工作，稳步有序推进项目实施。三是加强服务指导，随时接听各类技术咨询电话，定期调度各实施主体建设进度，确保按照时间节点、保质保量完成项目建设。

10. 培育农业新型经营主体

累计培育市级以上农业产业化龙头企业 163 家、农业产业化联合体 18 个、市级农民合作社示范社 163 家、市级示范家庭农场 305 家。加快完善农业社会化服务体系，开展生产托管服务面积达到 40 万亩。

11. 加大金融支持力度

启动设立乡村振兴基金，充分发挥农业政策性担保功能，探索开展"保险+贷款""保险+期货"等多种融资模式，拓展抵质押物范围，奶牛、生猪等活体抵押贷款规模近 1 亿元。与中国农业发展银行、中国农业银行、农村商业银行等 10 余家金融机构签订战略合作协议。

12. 加快推进品牌农业建设

一是加大品牌培育力度。2022 年新认定"津农精品"品牌 28 个，品牌总数达到 212 个。小站稻成功入选农业农村部农业品牌精品培育计划，《构建品牌组织架构 重振"金字招牌"荣光》小站稻典型案例还被农业农村部评为农业品牌创新发展典型案例。二是加大品牌宣传力度。在中央电视台第一套节目和天津卫视频道投放了广告，开展了首届"津农精品"直播联赛，选取部分品牌进行广告宣传，制作系列宣传资料，不断提升品牌传播效率。

13. 积极打通线上线下销售渠道

依托市供销总社发挥电商对乡村振兴的推动作用，引领整合系统电子商务发展，对接全国总社电商平台，以区域电子商务中心建设为抓手，以覆盖区域的乡村社区连锁超市网络为落脚点，推动农产品线上线下销售规模。区社电商公司依托线下实体网络构建供销电商"本地生活网"，把综合服务社、连锁便利店等经营业务嫁接到网上，实现了线上线下一体化发展。宁河"家乐在线"、宝坻"劝宝商城"对接市供销总社"供销 e 家"，实现商品、结算、数据与平台一体化。积极举办"供销大集""农民丰收节"等农产品对接展示展销活动，创新运营好"津农精品"展示中心，组织经营主体参加天津电视台

"赶大集"活动、中国国际农产品交易会、全国糖酒商品交易会等活动与展会。开展多期公益直播助农专场，组织开展农产品团购、直播带货等农产品展卖活动。在抖音平台上启动了"年味天津"年货节活动，集中展卖该市非遗产品、老字号商品、"津农精品"产品、天津对口支援地区优质农产品和特色旅游商品等年货产品，共有36个品牌、92种天津产品参与了本次直播。其中，武清金色河滩黑小麦粉、蓟州麻酱鸡蛋、沙窝萝卜等产品日销百单，特别是武清区丁家鄽村推出的金色河滩黑小麦粉销售量达1 496单，共计7 500斤，创历史最高销量，同比增长18.75%。

14. 开展高素质农民培训

组织开展了包括电商、网络销售、手机应用技能、农业（种植与养殖）科技知识等在内的多方面多层次涉农培训，向广大农民普及现代农业生产经营知识，提升农民技能，提升农产品质量，服务"互联网+"农产品出村进城，服务现代农业发展。2022年，5个国家级农村职业成人教育示范区共投入经费30多万元，组织了15.46万人次的教育培训。开展津科助农直播服务，邀请农业技术专家走进直播间开展专家讲座17期，直播观看人数约5万人次。

（二）存在问题

1. 农村传统思想的束缚

首先，虽然现阶段我国的农村教育逐渐得到发展，但是大部分生活在农村的农民教育程度比较低，接受电子商务理念还有一定困难；其次，他们也会受到一些传统观念的影响，不愿意接受较为新鲜的事物；最后，他们对于电子商务平台上虚拟的交易方式大多持观望的态度。

2. 物流技术受到限制

在这个信息发达的社会，物流加快了人与人之间的联系，它在城市的发展已相对完善，但就农村地区而言，物流的发展受到一定的限制。物流的发展是农产品电子商务的重要一环，要想农产品电子商务不断完善，农村的物流是亟待解决的一个问题。

3. 缺少专业的人才管理

农产品电子商务要不断发展，就需要一批专业的人才对其进行相应的管理，但是现实中的困难是很多专业技术人员不愿意在农村工作，造成农村地区的电子商务发展相对缓慢。

（三）下一步工作计划

1. 引导、督促农民不断打破传统观念的束缚

有些农民受教育程度不高，接受新鲜事物的能力较差。因此，要对农民进行专业的培训，使其能够了解农产品电子商务的优势，从而激发农户参与电子商务的积极性，引导其慢慢接受电子商务平台。

2. 构建相对完善的农村物流体系

进入电子网络的发展时代，物流技术的发展成为企业竞争的关键优势。农村物流的发展相对滞后，缺乏专业的管理经验，这对于农产品电子商务的发展是极为不利的。因此，应该加强对农村物流基础设施的完善，规范服务质量标准，提高技术水平，不断加强物流的专业性。

3. 加强人才培育

电子商务的核心是人，电子商务采用信息技术进行商务活动，需要引导既懂得信息化技术，又懂得农业生产和经营的人员参与其中。

4. 继续深入推进"互联网+"农产品出村进城工程

一是持续推动邮政快递业服务农特产品寄递。实施"邮政在乡"工程，打造"一市一品"农特产品进城项目。引导邮政快递企业深挖特色农产品项目，完善农产品寄递服务模式，推广本地特色农产品，助力"津农精品"出村进城，推进农业现代化建设。二是加大"津农精品"培育和宣传力度。着力构建"津农精品"农业品牌体系，挖掘好企业、好产品，指导主体申报"津农精品"品牌；拓展"津农精品"农业品牌范围，逐步向文旅和农耕文化产品延伸，强化品牌培育和保护。三是完善县域商业网络体系，提升农村市场供给能力。统筹推进县域商业建设行动，加快补齐基础设施短板，增强县域商业综合服务和辐射带动能力。鼓励商贸流通企业、电子商务平台下沉农村，加强数字赋能，发展连锁经营和电子商务，拓展消费新业态新场景，丰富农村消费市场。

二、河北省农业电子商务发展报告

自 2021 年起组织实施"互联网+"农产品出村进城试点建设工作，河北省以益农信息社为重要抓手，探索打通线上线下营销渠道，鼓励农产品网络销售模式创新，促进产销精准对接，推动农产品卖得出、卖得好。目前，已建设省级"互联网+"农产品出村进城试点县 20 个，农产品网络零售额累计 52.15 亿元。

（一）主要做法

1. 科学制定规划方案

2020 年，印发《河北省加快推进数字农业农村发展实施方案》《河北省智慧农业示范建设专项行动计划（2020—2025 年）》，联合省发展改革委、省财政厅、省商务厅印发《河北省"互联网+"农产品出村进城工程建设实施方案》，为工程建设提供重要支撑。列支专项资金支持项目建设，指导试点地区结合当地特色产业，合理制订项目实施方案。试点县严格按照方案要求，有序开展项目建设工作。

2. 严格落实建设内容

一是促进产销衔接。探索线上线下引导、交易的对接模式，促进农产品销售，开展辖区内主要农产品的生产和市场的监测，形成的数据与省级平台交互对接。例如，石家庄市藁城区与省社区服务促进会对接合作，收集了藁城宫米、藁城宫面、藁城强筋面等名特产品，开展农产品出村进社区活动，覆盖市内 100 个社区，进一步提升了名优农产品品牌知名度和覆盖率。张家口市赤城县开发了"赤城云农场"微信小程序，受到种植户和采购商的积极响应，300 多户种植大户，82 个采购商成为注册用户，县域内种植的 14.8 万亩莴苣、白菜、豆角等 27 种蔬菜全部上线，实现菜农、菜商供需便捷、高效、精准对接。廊坊市永清县制作了农产品出村小程序，推广县域内经营好、质量优的农产品，将县域近百家合作社、龙头企业、益农信息社产品在小程序上推广。特别是在新冠疫情防控期间，发挥了保供稳价功能，为县域内静默村街、社区提供农产品保障。二是建立农产品网络销售体系。加大运营主体与网络销售平台对接力度，提升益农信息社服务站点农产品电商服务功能，统筹建立县乡村三级农产品网络销售服务体系。沧州市肃宁县优选新型农业经营主体予以电商扶持，通过采购直播设备、装修和环境改造，打造直播基地。邢台市南和区借力阿里集团资源优势，举办了近20场产销对接活动，指导20多家站点开设淘宝店，协助宠物产业相关益农社站点在1688上实现销售零的突破。邯郸市馆陶县推进生产基地对接美团、京东、拼多多等大型电商平台，以黄瓜、禽蛋为主导的特色农产品凭借短、平、快的互联网销售优势，溢价能力迅速提升。三是培育电商运营操作人才。结合电商培训、新型职业农民培训（高素质农民培训）、益农信息社信息员培训等，利用腾讯会议、农业科技云平台等现有平台和资源，加大互联网、电子商务等公益培训力度，对电商从业者、农业经营主体和创业就业农民开展电商运营操作等方面培训，提高其获取信息、管理生产、网络销售的能力。截至2022年12月，全省累计培训7 000余人次。

3. 多级联动提质增效

省市县三级农业农村部门加强协调配合，有力地保证了项目的建设。一是加强组织领导。省市县三级农业农村部门明确职责分工，建立健全相应组织机构，建立工作台账，有效推动工作落实。二是组建工作群。由省农业信息中心牵头，组建了微信工作群，安排部署相关工作，沟通交流工作经验，帮助解决实际问题。三是强化工作督导。定期对项目试点县工作进展情况实行专题调度，对进展较慢的进行函询和实地督导，协调解决项目实施中遇到的困难和问题，确保建设取得实效。

（二）主要成效

1. 农产品网络销售能力显著增强

各级农业农村部门深入贯彻落实国家数字乡村建设要求，大力实施"互联网+"农产品出村进城工程建设，有效拓展了农产品电商营销渠道，培育了一批有规模、有水平的农业电商主体。张家口市赤城县2022年与北京新发地市场等10多家公司签订了订单，订单销售量达到12 600多吨，832农副产品销售平台及其他销售平台线上销售量达到1 200吨以上。邢台市威县举办各类电商培训会 5 次，带动农产品销售 5 000 万斤以上，销售额达到 2 亿元。

2. 产供销服务体系加速发展

农产品生产、加工、储运、销售服务体系得到快速发展，优质特色农产品产销衔接更加顺畅，有效提高了农产品供给质量。石家庄市晋州市建立了"1+10+N"市场化运营机制，形成"互联网+"与农村一二三产业深度融合发展新格局。承德市承德县建立了县乡村三级物流专线 9 条、县城物流分拣中心 1 个，并配套建设物流线上平台 1 个，建设了县城社区服务站 40 个，实现了村民农特产品到县城社区销售的自生态模式。

3. 区域品牌影响力逐步扩大

通过项目建设，各试点县进一步明确了符合实际的特色优势产业，进一步明晰了产业发展规划，区域品牌影响力逐步扩大。石家庄市藁城区利用电视、自媒体、电商平台或出租车广告等多渠道开展宣传推介，加强宫米、宫面、强筋面等名特产品品牌宣传。廊坊市文安县将"文安小无籽西瓜"打造成了市级区域公用品牌，设计了区域品牌标志和标语，"靳家熏鱼"和"狄家糕点"在抖音等短视频平台提高了知名度，实现了以销定产。衡水市武邑县利用直播平台播放养殖和种植情况，提高了"冠扬""道寒""武邑红梨"等品牌的可信度。

（三）存在问题

一是政策资金支持不足，政府部门之间缺乏协调机制，农业电子商务投入存在重复建设、资源浪费等现象。二是专业人才缺乏，新型农业经营主体的总体数量和规模不断扩大，但普遍存在规范化程度不高、质量参差不齐、电商知识接受能力差等问题。三是信息数据应用水平较低，农业电子商务数据开放共享水平不足，农业信息数据标准化程度较低，信息数据简单堆砌较多，分析应用程度较浅，指导农业发展、提供管理决策能力不足。四是配套体系不完善，为新型农业经营主体提供集聚、分级、包装、加工等一系列供应链专业化服务的企业稀缺，县乡村三级物流网络不健全，农产品物流寄递服务费用偏高，冷链物流体系薄弱。

（四）下一步工作计划

1. 加大政策支持引导

强化政策引导和扶持，打通技术、资金、人才、场地等堵点，进一步促进农业电子商务与实体经济深度融合，鼓励电商企业下沉供应链，推动电子商务与乡村文旅进一步融合，促进新业态新模式电商发展，加强农产品网络品牌建设、品质管控和售后服务，引导电商企业逐步从价格竞争向品质竞争转变，促进电商市场秩序和营商环境优化提升。

2. 强化技术指导培训

加强对农业农村行业人员、电商从业者、农业经营主体和创业就业农民培训，集中开展农业技术、电商销售等专题指导，强化信息技术和农业电子商务意识，提高其获取信息、管理生产、网络销售等能力，带动农业电子商务发展，培育农业农村复合型人才，促进农业农村增产增收。

3. 夯实农业农村大数据基础

制订数据标准，完善数据分析模型，推进数据信息和业务系统融合共享，横向与市场、流通、监管和产销等系统对接，纵向促进市、县产业数据的有效连通，深化农业电子商务与农业创新融合，开拓大数据应用场景，提升数据资源利用水平，促进农业生产数字化管理和农产品线上线下销售。

4. 推动全产业链数字化转型

以特色优势产业为基础，完善农产品产供销全链条服务，构建农产品全产业链大数据分析应用体系，加大农产品仓储保鲜冷链设施和冷链物流服务网络建设，完善市场监测预警机制和农产品安全追溯监管体系，形成广泛的利益联合体，深入推进"互联网+"农产品出村进城工程，提升农产品供给质量和效率。

三、吉林省农业电子商务发展报告

（一）主要做法与成效

2022 年，吉林省商务厅印发了《关于落实 2022 年发展农村电商助力乡村振兴工作任务的通知》（商建〔2022〕6 号），持续推进农村电商公共服务体系建设、扎实开展"网络促销季"活动、加大对易地扶贫搬迁村后续帮扶工作力度。其中，已指导督促榆树、扶余、长白等示范县建设改造 4 个县域公共服务中心（完成率 200%）、21 个乡镇公共服务中心（完成率 210%）、362 个农村电商服务站（完成率 241.33%），农村电商培训 1 997 人次。2022 年 1—9 月，全省农村网络零售额实现 244.24 亿元，体量位居东北三省一区第一位；同比增速也由负转正，达到 1.05%，高于全省网络零售额同比增速 2.37 个百分点。一是拓展市场渠道。通过农博会、"网红"大赛等线上线下促销活动，拓宽吉林省优质特色农产在浙江、江苏、云南、重庆等省（市）的销售渠道。在阿里巴巴平台（淘宝、天猫）该省农产品网络买入卖出比实现了 1∶1.14 的顺差，农产品销售额全国排名第十六位，人参、鹿产品、黑木耳市场占有率分别达 70.8%、45.5%、29%。梅河口市被国务院表彰为发展农村电商督查激励县。二是加强培训孵化。依托电子商务进农村综合示范等项目，开展"网红"直播培训，培育孵化农村电商企业 8 980 户、网店 5.7 万个、网商 12.1 万人、网络直播电商企业 993 户、网络主播 5 112 人、直播产品 3 806 款。据统计，吉林省在阿里巴巴平台（淘宝、天猫）上活跃的农产品网店近 6 万个，带动创业就业 13.2 万人，农村电商精准扶贫县域典型"通榆模式"率先走向全国。三是加强平台应用。通过吉林省农产品产销对接平台入驻供应商、采购商、服务商 388 户，上线产品 363 款，与北京、宁波等省内外近 20 户商家签订购销协议。

开展休闲农业和乡村旅游星级示范企业（园区）认定工作，认定长春合悦听湖农园休闲旅游有限公司等 59 家休闲农业和乡村旅游企业（园区）创建合格，九台区九郊街道秀水农家乐庄园等 29 家企业（园区）动态管理合格。现全省共有 379 家省级休闲农业和乡村旅游星级示范企业（园区），省级休闲农业示范县发展到 10 个，其中国家休闲农业重点县发展到 4 个（大安、临江、桦甸、辉南），吉林最美休闲乡村发展到 86 个，其中中国最美休闲乡村发展到 56 个。向社会发布省级精品线路 36 条，精品景点 140 处。

2022 年，按照农业农村部部署，吉林省深入推进"互联网+"农产品出村进城工程试点，进一步巩固了试点成果，为促进农民增收提供了支撑。一是全面部署年度工作。在总结前期试点经验的基础上，根据试点面临的新形势、新任务，制定印发了《关于深入推进"互联网+"农产品出村进城工程试点的通知》（吉农市发〔2022〕4 号），明确了重点任务、推进方式和具体要求等，为各试点县顺利推进全年工作提供了依据。二是持续加大推进力度。指导 10 个试点县制定年度方案，扎实推进试点工作，建立试点推进定期报告制度，按月、季、半年、全年分别调度各试点县工作进展，及时发现和解决存在的问题，切实推动试点县落实各项任务。10 个试点县全年累计网上交易额 96.57 亿元，培训电商人才 1.29 万人次，开工新建改建仓储设施 9 座（其中 3 座为冷藏保鲜库），新增库容 24 759 米²，农产品物流体系进一步完善；申报制定地方和行业生产加工 16 项，全面实行农产品质量追溯体系和农产品质量合格证制度，农产品质量进一步提高；"西江贡米""黄松甸""双阳梅花鹿"等区域公共品牌知名度进一步提升，农产品生产基地和加工基地进一步加强，以乡村旅游带动三产融合进一步加深。三是切实巩固试点成果。指导试点县开展"回头看"，认真查摆差距和不足，对已经形成的"政府引导+龙头企业+合作社""政府引导+合作企业+龙头企业""政府引导+合作企业+数字村"等"互联网+"农产品出村进城建设模式进行完善升级，总结了一批可复制、可推广的典型经验和做法，为面上推开试点建设奠定了坚实基础。

（二）存在问题

一是运输体系建设较为滞后，乡镇物流成本偏高。主要体现在东部长白山地区边远农村交通条件差，快递包裹少，市场机制失灵，存在配送成本高、周期长的问题，且冷链物流运输设施缺失，配送效率不高。二是电商人才不足。当前大部分农村都存在空心化的问题，留在农村的大部分是老弱病残人员，在乡镇、农村挖掘培养乡土电商人才比较困难。三是"网红"产品不多。吉林"三宝"人参、木耳、鹿产品等特色农产品缺乏领军企业和领军品牌，缺乏市场定价能力、行业主导能力，存在"垄断"产量但不能"垄断"市场行情走向的问题。四是县级财政较弱，政府支持工程建设力度有限。

（三）下一步工作计划

一是培育新主体。紧密结合直播电商、社交电商发展趋势，着眼乡村振兴等重大任务需要，以新型农村经济合作组织为主体，扎实推进农村电商人才培训，着力培育一批乡村主播、农村"网红"，着力稳定农村骨干队伍，拓展农民增收致富渠道。二是积极探索新模式。依托信息进村入户项目、电子商务进农村综合示范项目建设，拓展农产品生产企业的销售路径，进一步增强吉林省优质特色农产品电商销售能力。三是持续开展休闲农业示范县、美丽休闲乡村、星级企业等载体创建，以点带面，推动发展。四是提升农家乐、采摘垂钓等传统业态，发展休闲农庄、精品民宿等高端业态，探索亲子研学、健康养生等新型业态。五是加快标准制定、加强素质提升、开展对外交流，不断提高休闲农业整体发展水平。

在推进"互联网+"农产品出村进城工程实施方面，将扩大建设范围，在每个市（州）各选择一个县开展建设，逐步在全省主要农业县推进"互联网+"农产品出村进城工程建设。因地制宜推广"政府引导+合作企业+数字村""政府引导+合作企业+龙头企业""政府引导+龙头企业+合作社"等模式。加快推进仓储、物流、冷链设施等基础设施建设进农村。推广食用农产品承诺合格证制度，提升农产品品牌的知名度。加大政策支持力度。在充分利用现有资金渠道的同时，全力争取国家、相关项目资金，积极探索政策性补贴、奖励等措施，鼓励电商企业通信运营商、农村金融机构等出台优惠方案，支持"互联网+"农产品出村进城工程建设。

四、黑龙江省农业电子商务发展报告

2022 年，黑龙江省农村电商继续保持较高增长速度，农村网民数量持续增加，交易规模不断扩大，黑龙江省农产品网络零售额达 88 亿元，同比增长 10.4%。

（一）主要做法与成效

黑龙江省认真落实《农业农村部办公厅关于开展"互联网+"农产品出村进城工程试点工作的通知》要求，持续推进 3 个"互联网+"农产品出村进城工程试点，以试点县带动全省"互联网+"农产品出村进城工作。

1. 完善农产品产地基础设施建设

组织 2021 年农产品产地冷藏保鲜设施建设"回头看"工作，完成项目自评和国家现场评估，组织专题工作推进会，制定年度建设方案，加强 2022 年项目需求调查，建立储备库，摸清全省拟建底数，组织各地经济主体开展农产品产地冷藏设施建设。协调 7 家省级直属单位，牵头制定、出台《黑龙江省农产品仓储保鲜冷链物流设施建设工程推进方案》，细化重点工作，落实建设任务。配合发改部门制定《黑龙江省"十四五"冷链物流发展规划》，谋划"十四五"期间重大基础设施建设项目，发挥基础性投资先导性作用。编制《沿边沿线、口岸城市信号覆盖规划及实施方案》，完善农村、农场、山区、林区、边防等区域通信网络，提高接入能力。聚焦农田基础设施、土壤侵蚀防治、肥沃耕作层培育等建设，保护黑土地；聚焦永久基本农田保护区、粮食生产功能区、重要农产品保护区，建设集中连片、旱涝保收、稳产高产、生态友好的高标准农田；聚焦提升大豆油料综合生产能力，建设大豆油料生产基地。

2. 推动农产品物流体系转型升级

加强农产品冷链物流基础设施建设。组织哈尔滨市高质量编制国家骨干冷链物流基地建设方案。经国家发展改革委批准，将哈尔滨国家骨干冷链物流基地纳入 2022 年国家年度建设名单。积极争取中央预算内资金支持该省农产品冷链物流基础设施建设，支持穆棱市穆棱经济开发区高新技术产业园冷链物流配送中心项目、黑龙江黑河公路口岸互市贸易交易点项目、和牛屠宰和肉类深加工基地建设项目3个冷链物流基础设施建设。该省被确定为农产品供应链体系建设试点省份，印发了《关于申报农产品供应链体系建设试点市（地）、县（市）的通知》，组织6个试点市（地）、5个试点县（市）开展农产品供应链体系建设。借助开展国家农商互联有利契机，支持牡丹江天龙、绥化华煦、北安华升3家具有冷链配送功能的农产品集配中心提挡升级。以"邮快合作"为基础，推进"快递进村"工程。推动农村寄递物流体系建设，明确了对农村寄递物流网点寄出农特产品快件和偏远建制村投递快件的补贴政策，促进农产品出村进城。以"一地一品""一市一品"项目为抓手，通过"快递+农特产品"形式全面助力农产品出村进城。通过健全农村寄递网络的方式，提升服务农村电商能力，带动农村消费转型升级，推动县域流通服务网络体系建设。

3. 拓展农产品电商销售渠道

（1）开展线上促消费活动。组织举办"魅力冰雪　品味龙江——2022年黑龙江网上年货节"活动。2022年4月28日至5月12日，组织举办"龙江双品　神州飘香——黑龙江第四届双品网购节"活动，实现网络零售额3亿元，农产品网络零售额达到1.02亿元。其中，14家"三品一标"企业的48种农产品参加活动，网络零售额达1 073.5万元。举办"2022中国主播龙江行——丰收节直播专场活动"，邀请了15位本土"网红达人"联动各市地59家电商基地、千名主播共同参与，上线销售黑龙江省大米、杂粮杂豆、粮油、山特产品等200多种农产品，实现1 306万元网络零售额。

（2）开展培训扩大交易规模。黑龙江省直播电商应用技能培训项目共培训驻村干部599人次，农民1 195人次，电商进农村项目共培训农民26.5万人次，通过专业化培训、精准化孵化，示范县企业网商数量达到2 317个，个人网商达到7 916个。各类网商人才通过短视频引流开展电商直播等新型销售模式，为线上农村产品出村，拓展了新的销售路径。2022年1—12月，黑龙江省农村农产品实现网络零售额42.1亿元，同比增长21%，占黑龙江省整体农产品网络零售额的47.8%，实现网络零售量10 580.8万件。

（3）组织推广直播电商。推广农产品新型营销模式，邀请东方甄选团队组织3场助农直播带货活动，总成交量近50万单，成交金额3 500万元。举办"电商力量·当燃不让——2022 龙江好物分享夜"大型直播活动，全网直播观看量 200 万人次。发布"龙江电商好物榜"，现场龙江主播、省内电商基地直播销售额 950 万元。

（4）做强本土电商平台。持续完善小康龙江商业平台功能，线上升级平台店铺 9 个，以供销系统数字经济平台为依托，联动第三方电商交易平台，全力打造"1+N"电商模式，线下升级中央大街店铺，建设伊春直营店，按照 13 大类 35 小类梳理产品线，整合 300 余家企业、2 000 余款产品，打造以省内产品为主、新疆与西藏特色产品为辅的产品资源库；以哈尔滨 6 000 米² 的云仓为依托，面向全省开展了代储代发服务。通过参与《九妹》电影拍摄，扩大了品牌知名度，开展"三年庆"活动，与 7 家单位实现现场签约，在人民网、新华社、国际在线、中华合作时报、黑龙江日报等平台宣传 920 余次。

4. 加强农产品质量安全监管和标准体系建设

加强食用农产品市场流通质量安全执法工作，加强农产品标准体系建设，加强农产品生产各环节地方标准制定工作。发挥寒地黑土、绿色有机、非转基因优势，围绕优质特色农产品田间管理、采后处理等生产全过程，组织制定省农业生产地方标准 56 项。鼓励电商企业、龙头企业参与相关标准制修订，将《黑龙江（寒地）蔬菜流通规范》《电子商务示范企业创建规范》等标准列入 2022 年地方标准制修订计划，发布《电子商务交易产品信息描述　大豆》《直播电商创业服务规范》两项地方标准。大庆市全面实施食用农产品合格证制度，严把产地准出关。督促农产品生产经营者严格落实质量安全主体责任，加强对产地农产品质量检测和监督管理，逐步建立数据共享的"一码通行"追溯系统。七台河市严格落实"双随机"要求，聚焦禁限用药物、停用药物及非法添加物，组织开展监督抽查、飞行检查、暗访暗查，杜绝经营和使用国家明令禁用的农兽药及非法添加物。

5. 高质量推动品牌农业建设

聘请专业团队，谋划制定《黑龙江省品牌农业总体策划方案》，印发《黑龙江省品牌农业建设工作方案》，形成"十四五"期间品牌农业建设总体思路，打造多层次协同发展的"1141"品牌体系，实施"品牌质量提升、孵化培育、传播推广、营销赋能、保护利用"5 项重点工程。确定代表全省优质农产品形象的"黑土优品"品牌和"绿色龙江　黑土优品"宣传口号。首次在黑龙江大农业投资交流会暨农业品牌发布会，重磅发布"黑土优品"品牌。

在中央电视台综合频道、新闻频道"新闻联播"前黄金广告时段投放"黑土优品"10秒广告片，在人民网、新华社、新华网、黑龙江卫视等28家主流媒体同步推送"黑土优品"20秒广告宣传片。制定《黑龙江省"黑土优品"农业品牌标识管理办法（试行）》，在中央电视台、黑龙江省卫视、人民网、新华网、中国国际服务贸易交易会、中国国际投资贸易洽谈会、中国国际进口博览会、中国绿色食品博览会等权威媒体和国际展会上广泛宣传推介"黑土优品"。各电子商务进农村综合示范县通过电子商务进农村综合示范项目，新打造品牌产品37个，品牌产品线上销售额达到87亿元。

6. 加强网络应用人才队伍建设

开展高素质农民培育及乡村产业带头人培育"头雁"项目实施，不断推进农业农村人才队伍建设。配合省人力资源和社会保障厅出台《黑龙江省职业技能培训行动计划（2022—2025年）》（黑人社发〔2022〕5号），支持职工技能提升和转岗转业培训以及重点群体职业技能培训，全面提升技能人才水平。组织涉农专家指导边境县农业生产，建立了300人的涉农专家资源库及高校对口帮扶和联席会议制度，组织12所涉农高校与18个边境县建立协同发展联盟，开展了42个农技服务项目，累计培训1.5万人次。黑龙江省直播电商应用技能培训项目共培训驻村干部599人次，农民1195人次，电商进农村项目共培训农民26.5万人次，通过专业化培训、精准化孵化，示范县企业网商数量达到2317个，个人网商达到7916个。各类网商人才通过短视频引流开展电商直播等新型销售模式，为线上农村产品出村，拓展了新的销售路径。按需选派省级"互联网+"农产品出村进城科技特派员。按照县（市）科技需求，共选派29名省级科技特派员，开展电商服务工作，定向发送电商课件，并向农民和贫困户公布个人联系方式，随时帮助农民解决农产品在互联网上销售问题。

7. 推广互联网应用新业态新模式

落实创业担保贷款贴息政策，大力推动创业带动就业行动计划。印发《黑龙江省促进创业带动就业行动计划（2022—2025）》，推出17项工作举措，全方位落实创业担保贷款、创业补贴等政策，重点帮扶农村劳动力等重点群体更好地实现就业创业。深入实施黑龙江省职业技能培训行动计划，以创业培训"马兰花计划"为载体，支持有培训需求的返乡创业人员参加各类创业培训。大庆市持续深化信息进村入户工程建设，充分利用益农信息社5个县级中心社、49 个乡级中心社、490 个村级益农信息社服务平台在农村的网络节点，为小农户提供电商培训、加工包装、物流仓储、网店运营、商标注册、营销推广、小额信贷等服务。拓宽和完善市、县区、乡镇和村四级农产品网上农村电商服务体系建设，积极引入和培育电商服务团队，持续为农产品网络销售提供服务。加强互联网广告监测监管，严厉查处利用互联网发布涉农产品虚假违法广告行为。到 2022 年，实现乡镇网络销售服务网点 100%覆盖。

8. 落实试点建设工作任务

2014—2021 年，该省共有 41 个县（市）被列为国家电子商务进农村综合示范县（市），截至 2022 年 11 月底，已建成县级电子商务公共服务中心 41 个，物流配送中心 40 个，乡镇快递站点 487 个，村级服务站点 3 474 个。通过县级物流配送中心实现了社会快递资源的有效整合，降低了物流成本，为农产品出村进城提供了物流保障。省商务厅会同省交通运输厅、省农业农村厅、省供销社、省邮政管理局等部门印发《黑龙江省加快推进"快递村村通"工作方案》，全省邮政快递合作协议覆盖建制村 8 993 个，覆盖率已达到 100%。主动与知名信息平台企业、高校、科研机构沟通、交流，围绕黑土地保护、种子工程、品牌建设等重点领域，联合研究数字化转型路径。持续推进 4 个数字乡村试点和 3 个"互联网+"农产品出村进城工程试点，组织省级数字农业发展试点县建设工作。

（二）下一步工作计划

黑龙江省农村电商起步晚，仍存在新型经营主体思想观念落后、实力电商平台少、专业人才缺乏、农产品品牌影响力不高等问题。黑龙江地理位置偏远、地域跨度大，农产品物流成本高成为农产品出村进城的主要瓶颈。

下一步，全省将扎实推进"互联网+"农产品出村进城工程，进一步提升农产品流通效率，助力农民增收。

一是构建完善的网络平台。进一步与大型电商企业对接合作，加强与全国农产品主销城市交流，吸引更多电商到黑龙江发展，构建覆盖乡村的网络销售平台和物流配送网络，解决好"互联网+"进农村"最后一公里"问题。二是培养和引进农业电商人才。鼓励各级教育机构开设农业信息化或电子商务相关专业，培养高素质、多层次的农业信息化人才。制定相关优惠政策，吸引电商人才入驻县乡或龙头企业。定期举办电商培训，培育一批本地电商人才。三是加强农产品物流体系建设。引导各市县培育农产品骨干市场、乡村田头市场。加大政策扶持力度，鼓励和引导合作组织与家庭农场等新型经营主体建设冷冻冷藏等基础设施，方便农民就近就地销售农产品，减少物流成本和农产品损耗。加强物流设备、物流技术和人才的引进，培育一批有实力的农产品物流企业，发展规模化的农产品电子交易中心。四是加强示范推广。通过观摩会、现场推进会等方式，及时总结好经验、好做法。做好先进典型的宣传推广，运用网络、电视、报纸、新媒体融媒体等，加大"互联网+"农产品出村进城工程宣传力度，引导和带动经营主体改进农产品品质，提高农产品品牌知名度，建立起有效的产销对接机制。

五、上海市农业电子商务发展报告

近年来，上海市涉农电商发展迅速，一大批大宗农产品交易平台、生鲜电子商务平台发展如火如荼，已成为上海农业发展的核心动力之一。尤其是随着"后疫情时代"的到来，市民已适应快节奏、低时间成本的消费方式，一批有影响力的电商平台进入了发展快车道。据统计，在上海市成立的电子商务平台有514家，其中涉农电商达30多家，而生鲜电商有23家，如叮咚买菜、盒马鲜生等。在上海市上线的电子商务平台多达700余家，其中规模较大的涉农电商有10余家，如本来生活、每日优鲜、拼多多等。

总体来看，上海农业电商呈良好发展态势，不同商业模式的农业电商群雄逐鹿、共同崛起，满足了上海地区不同层级消费者的消费需求，如美团买菜、拼多多等社团模式电商，京东到家等平台模式电商，本来生活等"线上+线下、餐饮+超市"模式电商等。

（一）主要做法与成效

1. 创建共享平台，推进地产农产品电商品牌建设

创建绿色农产品网上直销平台，做优做强"鱼米之乡""浦农优先""我嘉生鲜""金山味道""崇明米道""金品泽味"等各级政府搭建的地产农产品线上统一销售平台，通过农产品品牌创建和各类农事节庆活动开展线上展示展销活动，组织入驻农产品电商运营主体开展直播、秒杀、折扣满减等活动，并且组织企事业单位、工会团体与电商企业对接。

培育农产品电商企业的互联共享平台，通过专项资金补贴扶持，推动农产品仓储式电商平台新良农家园、本来生活、盒马鲜生等开展上海地产优质农产品评优推介等展示展销活动，评选出受市民喜爱的优质上海地产农产品，持续扩大崇明大米、南汇水蜜桃、马陆葡萄等特色优质区域农产品品牌的影响力。构建农产品供应链体系，实施"数商兴农"，打造地产农产品网络品牌，如金山区"鑫品美"，由多家草莓种植合作社联合为运营主体，搭建农户与消费者

直接交流的平台，带动农户统一品种、统一标准、统一生产、统一采购、统一品牌、统一销售，构建基于互联网的供应链管理模式，形成协同高效、利益共享的优质特色农产品供应链体系。

2. 完善末端服务，促进农业电商智慧化发展

构建智慧化零售终端的网络布局，推动智能售货机、智慧微菜场、无人回收站等新型智慧零售终端线下设点，加大智能快件箱在社区、商务中心、高校、地铁站周边等末端节点的线下推广应用，形成区域覆盖的线下零售终端网络体系。完善供应链末端服务体系，创建"无接触式配送"共享货架模式，由行业协会组织生鲜电商企业，如叮咚买菜、盒马鲜生、美团买菜、每日优鲜等，与社区物业加强沟通合作，提升生鲜农产品的配送效率与服务质量。搭建社区生鲜电商平台，通过在社区设立农产品智能自提保险柜，直接联通农产品生产基地与社区居民，为市民提供24小时买菜服务，打造家门口的"社区智能微菜场"，为社区居民搭建了以"平台+产地直供+冷链自营+站点直投"为核心的生鲜农产品服务体系。

3. 加强人才培训，培养新型农业电商人才

鼓励高校开设电子商务专业，开展系统化专业人才培育。上海共有10所本科院校、10所专科院校开设电子商务专业，通过学历教育、职业培训、技能大赛等多个途径，面向全国培育农商互通的农村电商人才，打造国内领先的农商互联网培训体系。依托生鲜电商经营主体，打造专业化人才队伍。本来生活、叮咚买菜、盒马鲜生等生鲜电商企业，农产品供应链体系在不断优化完善，其生产、包装、保鲜运输、售后等一系列环节，均制定了统一的企业标准，并针对农产品的生产管理、采摘、分拣、包装、品牌塑造等环节，对农业生产主体以及物流运输和销售运营主体等进行专业化培训。政府与企业共同组织电商人才培训，如奉贤区建立人民优选（上海）直播培训基地，并与字节跳动等新媒体企业联合开展农产品电商人才培训，结合"人民优选直播大赛"活动等形式，对直播经济达人进行培训、孵化；浦东举办"浦东新农人直播电商培训班"，为浦东农业经营主体开设抖音小视频制作、直播引流技能等课程。

（二）存在问题

1. 生鲜产品标准化难

生鲜产品产业链条长，质量参差不齐，标准化程度不高，农产品安全性的追溯不完善，加上物流过程中可能存在损耗，都会影响消费者的体验；现代零售业对电商产品的规格和标准化要求比线下更高，给农产品线上销售带来一定困难。

2. 冷链物流成本高

与其他商品不同，生鲜商品易腐烂，保质期短，对物流速度有着较高要求。当前冷链物流技术相对滞后，自建冷链物流需要大量投入，不少中小生鲜电商企业只能采取第三方物流，无法全面保障用户体验。

（三）下一步工作计划

一是充分发挥政府职能，开设农产品电商专题培训班，聘请专家授课，面对中小型农业企业的从业人员开展公益培训。二是创建农业产业联合体，满足大型电商平台需求。三是整合生产端资源，建设一体化集配中心。四是制定农产品生产与流通相关标准，指导农产品电商发展。五是加强数据运用，实现产供销全产业链数字化。

六、江苏省农业电子商务发展报告

近年来，贯彻落实国家、江苏省关于发展数字经济、建设数字乡村有关决策部署，加强政策引导、强化工作推动，深入实施"互联网+"农产品出村进城工程，江苏省农业电子商务发展呈现稳中有进的良好态势，2022 年全省农产品网络销售额达 1 226 亿元。

（一）主要做法与成效

1. 农产品电商发展方面

（1）多元化拓宽农产品销售渠道。发挥淘宝、天猫生鲜、盒马鲜生、京东、抖音等大平台优势渠道，争取流量、培训、平台入驻等优惠政策，不断助力省内特色农产品走向全国市场。顺应直播经济新形势，2022 年，指导开展 37 场"苏货直播"助农公益直播活动，并引导地方结合各类节庆活动加大农产品直播直销，为农产品上行打开新通道。加快培育地方自建平台，鲜丰汇、食行生鲜、苏洪鲜食、寻味海安等规模化自建平台在长江三角洲地区乃至全国形成了一定影响力。

（2）抓工程提升农业电商发展质量。以县域特色产业为切入点，持续推动"互联网+"农产品出村进城工程，加大工作指导力度，特别是督促全省 20 个试点县落实建设任务，围绕数字化生产、网络化营销、产业化运营、数据化管理等方面，推动农产品卖得出、卖得好。2022 年 12 月，举办全省"互联网+"农产品出村进城线上交流培训，邀请阿里巴巴、中国邮政、省互联网协会等作案例分享，全面总结全省农业电商发展经验。

（3）聚合力搭建产销对接"线上通道"。持续开展"互联网+"帮促助农行动，特别是新冠疫情期间，指导各地积极利用江苏省农产品产供信息报送查询平台"苏菜直通"发布农产品滞销信息，同时引导省市县邮政公司利用物流运输优势加强对接，发动行业协会、企业、新媒体等开展直采直供、社区团购、直播带货等助农活动，相关工作被《新华日报》宣传报道。会同省有关部门推介发布"互联网+"帮促助农活动典型案例 59 个，涵盖了各类平台物流企业、经营主体、行业协会和志愿者团队。

（4）多渠道培育农产品电商人才。持续开展农产品电子商务"万人培训"和农民手机应用技能培训，与省有关部门联合实施"e 起致富"苏货直播新农人培育行动，着力培育一批熟练掌握电商直播销售技能的"新农人"，2022 年累计开展线下培训 20 场，线上线下培训人数近 1.5 万人。在农业农村部门和社会力量的共同培育下，各地涌现出一批实力强劲的农业农村电商人才，在 2022 年的"大国农匠"全国农民技能大赛中，江苏省共有 3 名选手获农村电商人才类奖项。

2. 农业生产资料电商和休闲农业电商发展方面

（1）充分发挥益农信息社电商服务功能，为农民提供农资购置服务。运营商苏农集团与全省 70 多家益农信息社县域运营中心共同备足近 40 万吨质优价廉的农业生产资料货源，并通过配送中心、农业生产资料连锁店和益农信息社等及时配送到田间地头，有力地保障了全省农业生产的顺利进行，2022 年实现线上销售额 4.93 亿元。各地也积极运用自建平台和村级电商服务站等，开展种子、农药、肥料、农机、薄膜等农业生产资料销售。

（2）大力拓展休闲农业新业态。发布"苏韵乡情"品牌标识和 IP 形象，组织各地开展"苏韵乡情"休闲旅游农业专场推介活动，推动农业与文旅、科教、康养、体育跨界融合。优化"乡村休闲游"App 综合性服务平台、上线小视频等互动体验功能，为城乡居民提供游景点、住民宿、品美食、购特产于一体的"云休闲"服务平台。南京市溧水区 80%以上的农家乐、休闲农庄借助第三方平台或自建电子商务垂直平台开展休闲农业的营销业务。

3. "互联网+"农产品出村进城方面

按照农业农村部部署要求，该省扎实推进"互联网+"农产品出村进城工程，全面把握工程建设要求，强化组织保障，有序推进建设，督促指导 20 个试点县落实建设任务。

一是加大政策资金支持。出台《江苏省"互联网+"农产品出村进城工程实施方案》，因地制宜细化工程建设内容。同时，该省在涉及发展数字经济、补齐"三农"发展短板、高质量推进数字乡村建设、推进农业数字化等方面的多个文件中，都将实施该工程列入其中。2020—2022 年连续 3 年在下达的省级现代农业发展专项中，将农产品出村进城工程建设纳入支持范围。截至

2022 年，20 个试点县投入各级财政资金近 9 亿元，其中包括省级资金超过 3 亿元，同时，撬动社会资本超过 20 亿元。二是持续提升建设水平。2022 年 12 月，举办江苏省"互联网+"农产品出村进城线上交流培训，邀请试点县交流经验做法和建设成效，有关行业协会和企业作经验分享。同月，召开的全省数字农业农村工作会议，也对深入推进"互联网+"农产品出村进城工程工作进行了部署安排。同时，督促各试点县按时填报省级监测系统，按时反馈工程建设进度和经验成效，全力提升工程建设水平。三是加强督促调研指导。2021—2022 年连续两年在省委和省政府对各市县开展的推进乡村振兴战略实绩考核中，专门将实施农产品出村进城工程作为重要考核内容。江苏省还多次开展试点县调研工作，定期调度各地建设进展，对成效突出的经验做法进行宣传推荐，对发现的问题及时提出指导意见，确保圆满完成工程试点建设任务。

通过政府全力推进、部门通力协作、市场主体积极参与，试点工作取得了明显成效，有力带动当地提升产业发展水平，畅通特色农产品出村进城渠道，促进农户小生产与线上线下大市场有效衔接。东台市、南通市海门区和新沂市等结合农产品产地冷藏保鲜整县推进试点工作，积极打造冷库及相关配套设施装备。泗洪县联合京东集团打造霸王蟹（泗洪大闸蟹）产地仓，已完工投入运营，有力促进了泗洪大闸蟹出村进城。常州市金坛区率先在全国开展河蟹生产、加工、流通等全过程的机械化、数字化、智能化试验示范，与抖音金地标合作举办 6 场长荡湖大闸蟹抖音明星带货专场，直播销售额超过 5 000 万元。南京市浦口区成立了青虾、稻米、鲈鱼等产业联合体，统筹带动本地小农户共同发展。盐城市盐都区、连云港市赣榆区、徐州市丰县、淮安市盱眙县等地围绕草莓、紫菜、苹果、龙虾等产业集群，因地制宜建设单品大数据系统并投入使用，提升了生产指导、环节监测和市场运营等能力。

（二）存在问题

目前，江苏省农业农村电商发展还存在一些问题，例如，在市场叫得响的品牌农产品还不够多，缺少复合型电商人才，农产品仓储保鲜、冷链物流等配套设施有待完善。下一步，江苏省将以"互联网+"农产品出村进城为抓手，以电商引领农业农村数字经济加快发展。

（三）下一步工作计划

（1）打造产销对接"数字通路"。持续开展"互联网+"帮促助农行动，加快"苏菜直通"平台推广和应用力度，加强农产品产供信息对接，鼓励各地多渠道、多形式组织当地电商企业、商超食堂等社会力量开展对接活动，加快推广农产品"生鲜电商平台+产地仓""中央厨房+食材冷链宅配"等新模式，建立稳定高效的产销对接渠道。

（2）加快产业链数字化赋能。深入实施"互联网+"农产品出村进城工程，围绕数字化生产、网络化营销、产业化运营、数据化管理等方面，推进产业链数字化改造升级、提质增效，促进农产品产销顺畅衔接、优质优价。培优培强一批综合实力突出的农业电商企业、地方电商平台，建立上下游协同的农产品供应链，打造一批特色鲜明、商品化程度高、适合网络销售的农产品。

（3）不断培育农业电商实用人才。持续开展农产品电子商务"万人培训"、农民手机应用技能培训、"苏货新农人"培育等，瞄准农产品网络营销和农业数字化建设，探索"以赛代训"等方式，因地制宜地开展创新大赛、创业大赛、技能竞赛等活动，挖掘"能人""农匠"，发挥模范作用。

七、浙江省农业电子商务发展报告

发展农业电子商务，是全面推动乡村振兴、高质量发展建设共同富裕示范区的重要举措。近年来，该省认真贯彻落实《数字乡村发展战略纲要》，把发展"互联网+现代农业"、推进农村电子商务作为"三农"工作的重要抓手，以农业供给侧结构性改革为动力，深入实施农产品"电商换市"战略，持续推动农产品上行，有效推动了农业升级、农民增收、农村繁荣。

（一）主要做法与成效

1. 畅通农产品上行和工业品下乡双向流通

该省以加强农产品区域品牌培育推广、提升农产品电商化水平、通过直播带货等方式拓宽农产品网络销售渠道为重点，着力提升农产品上行能力。2022年1—7月，全省农村网络零售额5 435.5亿元，占全省网络零售额42.3%，同比增长7.3%，农产品网络零售665.5亿元，同比增长6.4%。另外，电商平台企业渠道下沉，大型商贸流通企业数字化转型、供应链赋能，以优质适用为重点，对农村市场增加商品和服务供给，扩大农村消费市场，满足农村居民消费升级需求。

2. 加快农村电商产业集聚

分类开展电商专业村、专业镇梯度培育建设工作。推动产业互补性强、区位优势明显的村镇连片抱团发展，提升农村电商发展区域集聚效应、规模效应和协同效应。截至2022年，全省网络零售额超1 000万元的电子商务专业村2 444个，电商镇349个。开展农村电商示范培育，挖掘一批产业基础好、带动能力强的电商示范村，以及服务完善、覆盖面广的农村电商服务站点。该省已累计培育电商示范村949个，农村电商示范服务站（点）1 634个。

3. 完善电商公共服务体系

支持县级电商公共服务中心加快提升改造，拓展电商技能培训、品牌培育、网络宣传推广、包装设计等服务能力。村镇服务站点整合各类资源，通过代销代购、快递收发、生活缴费、小额金融等电商综合服务赋能站点增收。形成以县级公共服务为指挥中枢、乡镇为重点、村为基础的三级联动的公共服务体系。全省建成电商公共服务中心70个，县（市、区）覆盖率达69%。

4. 构建县乡村三级物流体系

把三级物流体系建设作为农村电商综合示范重要项目，构建以县城为中心，重点乡镇为中转、村级服务点为基础、到户配送为终端的三级物流体系。聚焦农产品进城"最初一公里"和工业品下乡"最后一公里"问题，进一步提升农村物流配送市场化运营能力，引导邮政、商贸、交通、快递等资源整合，推动统仓共配，实现物流降本增效。全省877个乡镇已建快递网点3 390个，19 920个建制村"快递进村"服务实现100%全覆盖，提前实现"快递进村"试点目标。2022年全省农村快递进出流量达40亿件，带动省内农业产值超过1 000亿元。

5. 加大人才培养力度

省商务厅与省人力资源和社会保障厅联合出台《电商职业技能提升行动方案》，加大电商人才培训力度，对符合要求的电商职业技能提升培训项目给予财政补贴。对具备条件的返乡农民工、大学生、退伍军人、合作社社员、农村青年、乡村电商服务站长、低收入农户等开展电商知识普及和创业技能培训，不断完善产品包装、摄影美工、直播带货、网站运营、数据分析、知识产权、合规经营等课程，增强农村电商从业人员的专业技能和创业意识。2022年，全省开展电商人才培训3 264场，线上线下培训电商从业人员24.48万人次。

6. 开展"互联网+"农产品出村进城试点示范

省农业农村厅联合省发展改革委等4部门出台《关于推进"互联网+"农产品出村进城工程的实施意见》，明确以推进"互联网+"与农业农村深度融合为主线，建立健全适应农产品网络销售的供应链体系、运营服务体系和支撑保障体系，拓宽农产品销售渠道，促进农产品产销对接，为乡村振兴和农业农村现代化增添新活力。推进省级示范，经过县级申报、专家评审，在全省遴选出20个地方政府重视、具备一定的资源禀赋和产业比较优势、具有一定的网络销售基础的县（市、区）开展试点示范。目前，20个省级试点地区工作机构全部设立，一批重点项目启动建设，先行先试格局初步形成。优中取优，在20个省级试点中遴选6个县（市、区）申报国家试点，并全部顺利入选，成为入选地区最多的省（区、市）之一。

（二）存在问题

1. 冷链物流设施跟不上发展需求

该省农村地区多山地丘陵，村落分散不集中，快递直接配送到村里成本高，部分地区公共仓储配套落后，部分农产品重要物流节点缺乏必要的冷藏保鲜设施，制约了农产品电商进一步发展。

2. 农产品标准化程度不高

在农产品质量、包装、物流、专业人才、涉农平台管理等方面的电商标准不够完善，致使农产品品质难以保障。

3. 产销信息沟通渠道不畅通

生产主体证明优质农产品、营造辨识度难度较大，劣币驱逐良币现象普遍存在，优质优价实现难。市场经营主体对于产品生产端的信息难以掌握，想要建立长期稳定的供销关系，但找不到合适的供应商。

（三）下一步工作计划

以实施"互联网+"农产品出村进城工程为主抓手，推进从生产、加工到流通、销售的整个农产品供应链基础设施建设，搭建特色优质农产品大数据平台，建立网络销售农产品标准化体系，加快农业电商发展。

1. 加大农业电商支撑力度

一是贯彻《关于扩大农业农村有效投资高水平推进农业农村现代化"补短板"建设的实施意见》，实施智慧农业和数字乡村建设深度拓展工程，加快农村网络基础设施建设。二是加大现有涉农资金统筹整合力度，创新政策和资金供给，激励创业创新，探索构建政企协作、优势互补的数字乡村发展模式。重点支持引导加大乡村信息基础设施建设、数字化平台系统开发、数字农业工厂建设等投入力度，推动政府产业基金投入数字乡村建设。激发工商资本、金融资本等参与数字乡村建设、运营和管理的活力和创造力。

2. 大力培育乡土电商人才

深化全省网络市场示范区建设，培育一批龙头涉农电商企业和基层电商带头人。开发各类服务"三农"的手机应用软件，开展农民手机应用技能培训，提升农民获取信息、管理生产、网络销售能力。建立农业电商服务中心，提供市场信息、电商培训等服务，培育农产品网络销售服务主体。建立省市县协同工作机制，推进农播培育基地发展，以新型职业农民、农创客为重点，加快培养一大批农播人才。

3. 强化农业电商平台建设

加快"网上农博"建设，完善入驻标准和惩戒退出机制，规范入驻销售和直播带货行为。做大做强"网上农博"等平台，引导推行区域性农产品网上销售，推广"同城配送+包邮到家"服务，推进农业基地与电子商务平台对接，加快发展定制配送、集团配送、无接触配送等。推动农业龙头企业牵头建立产业化联合体，强化供应链管理和品质把控，带动上下游企业拓展线上业务。加快完善农产品产销一体化系统，推进更多农产品批发市场、商超、电商平台、采购商等市场主体入驻，发布更多产销对接信息，解决农产品滞销问题，实现农产品优质优价。

4. 加强农产品品牌建设

加强绿色食品认证和农产品地理标志登记保护工作，发展农产品区域公用品牌，培育知名企业品牌和产品品牌，打响"浙"字号农业品牌，打造网络销售农产品品牌形象。开展农产品产业集群商标培育和地理标志运用促进工作，实施商标服务下乡工程，引导和帮助农业企业申报商标注册，将知名涉农品牌纳入重点品牌维权"直通车"名录，每年建成20家涉农品牌指导服务站。

5. 强化农产品质量管理

深化"肥药两制"改革，全面推行全程标准化生产。健全农产品质量安全可追溯体系，加强质量安全检测和监督管理，全面实施食用农产品合格证制度，严把产地准出关，全省主要农产品省级监测合格率稳定在98%以上。推动网络食品交易第三方平台建立，督促入网食用农产品销售者严格落实质量安全主体责任，依法查处网络销售不符合食品安全标准违法违规行为。

6. 推进农产品产地冷链设施建设

推动农产品产地、集散市场加快完善冷藏保鲜库、净菜加工等生产设施，开展自动化、智能化升级改造，建设农产品进城骨干冷链物流基地。完善预冷、低温分拣加工、冷藏运输等设施设备配套，增强集中采购和跨区域配送能力。整合利用农村快递物流、益农信息社、电商服务站点等资源，健全农村物流寄递网络。

八、安徽省农业电子商务发展报告

近年来，安徽省认真贯彻落实中共中央、国务院决策部署，坚持把发展电子商务作为促进产业发展、增加农民收入、助力乡村振兴的战略举措，大力推进农业农村电商发展，实施"互联网+"农产品出村进城工程。

（一）主要做法与成效

1. 加强农业农村电商政策支持

安徽省实施农村电商高质量发展三年行动，积极发展壮大电商主体、扩大农产品品牌并拓宽销售渠道。2022年全省认定省级农村电商示范县20个、电商强镇5个、县域特色产业园（街）区5个，年农村产品网销额超1 000万元的电商企业有107家，农村产品上行网络销售额超过1 000亿元。省农业农村厅将农产品电商人才纳入高素质农民培训内容，累计培训农产品电商人才3万余人。组织开展农民手机应用技能培训活动，紧紧围绕"新农具服务农民美好生活"主题，提升农民通过手机开展网上营销、获取信息等能力，使手机成为农民手中的"新农具"。

2. 拓宽农产品网销渠道

加强与阿里巴巴、京东、美团、拼多多等电商平台等合作，加快农产品上行，进一步拓宽农民增收路径。中国邮政集团安徽分公司打造的农产品电商平台邮乐农品网，立足安徽、辐射全国，建成线上乡村振兴馆78个、线下农产品展销馆16个，2022年农产品网销额5.5亿元。合肥市通过第三方电商平台、自营平台、微信小程序等线上销售农产品的家庭农场、农民专业合作社、农业产业化企业等农业主体超过1万家，其中"生产基地+门店+电商平台"涉农主体200余家，打造了一站式销售平台。颍上县颍尚鲜生态农业公司与盒马鲜生、天猫、京东、每日优鲜、叮咚买菜等线上销售平台以及永辉超市、物美超市、中百超市等线下销售平台签订了长期战略合作和供货协议，带动全县水产养殖户300多户扩大养殖规模。

3. 加强农产品网销品牌培育

深入贯彻落实省委、省政府《科技强农机械强农促进农民增收行动方案（2022—2025 年）》精神，印发《安徽省农业农村厅办公室关于开展 2022 年"皖美农品"区域公用品牌、企业品牌、产品品牌征集工作的通知》（皖农办市函〔2022〕49 号），经品牌主体自愿申报、市县审核推荐、专家评审、网上公示、网络投票等程序，遴选公布首批"皖美农品"区域公用品牌 33 个、企业品牌 35 个、产品品牌 159 个。按照农业农村部办公厅《关于开展 2022 年农业品牌精品培育工作的通知》要求，组织开展区域公用品牌、企业品牌推荐工作，该省"长丰草莓""黄山毛峰茶"纳入 2022 年农业品牌精品培育计划。按照农业农村部市场与信息化司、国家林业和草原局改革发展司《关于组织开展第二批中国特色农产品优势区综合评估和 2022 年动态监测工作的通知》（农市便函〔2022〕102 号）要求，组织对该省黄山市黄山区太平猴魁、砀山县砀山酥梨、霍山县霍山石斛 3 个中国特色农产品优势区进行综合评估；对认定的 64 个安徽省特色农产品优势区开展动态监测工作。截至 2022 年 12 月底，全省绿色食品、有机农产品和地理标志农产品达 5 941 个，其中，绿色食品 4 201 个，居全国第二位，有机农产品 1 621 个，居全国第三位。

4. 促进主导产业发展

推动特色产业与电商产业互促发展，产业发展为电商奠定了基础，电商发展促进了产业壮大。怀远县通过电商渠道把怀远石榴、糯米销往全国，全县石榴种植面积发展到 3.5 万亩，年产量 3.5 万吨，怀远糯米面积发展到近 100 万亩，"怀远糯米"冠名列车高频次覆盖长江三角洲区域，实现对长江三角洲主要城市的连通，2022 年订单数量达到 110 万吨，同比增长 15.8%，全县农村产品网络销售额 31 亿元。金寨县铁冲乡优化油茶、茶叶、蚕桑传统产业结构，大力扶持香菇等特色产业发展，采取"公司+村集体+农户"、村集体资产入股的方式，走规模化发展之路，带动香菇种植户扩大种植面积，促进香菇产业发展，2022 年全县种植香菇 100 余万棒，产值近 1 500 万元。寿县启动培育优质大米、蔬菜、皖西白鹅、生猪 4 个特色优势农业产业全产业链，围绕水稻产业开展"一县一业"示范创建工作，建设以安丰塘灌区为核心的 100 万亩优质水稻生产基地，2022 年全县优质水稻种植面积 255.65 万亩，优质稻总产量 118.37 万吨，稻米全产业链产值达 101.46 亿元，主要农产品网络销售额 64.7 亿元。

5. 推进"互联网+"农产品出村进城工程试点

该省积极发挥砀山、金寨、颍上 3 个全国"互联网+"农产品出村进城工程试点县引领作用，选择 18 个县开展省级试点，将出村进城试点与农产品冷藏保鲜、农业品牌培育等工作相结合，健全农产品供应链体系，打牢农产品上行基础。砀山县大力发展农产品电子商务，打出"互联网+水果"特色牌，催生出了 1 500 多个农产品电商品牌。目前，全县培育电商企业 1 370 家、省级电子商务示范企业 2 家、电子商务线上企业 15 家、网店和微商近 5 万家，现有 7 个省级电商示范镇，23 个省级电商示范村，带动 10 万多人从事电商物流等相关产业。2022 年全县农村产品网络销售额达 66.57 亿元，同比增长 4.1%，其中上行农产品 56.49 亿元，同比增长 3.8%。金寨县由县邮政分公司牵头联合县内茶叶、山茶油、香菇等生产加工经营主体，电子商务、物流快递、连锁超市等市场主体，以及产业协会、益农信息社等各类组织，建立健全利益联结机制，组建县级农产品产业化运营主体，作为试点工作推进主体，推行"邮政+龙头企业+合作社（家庭农场）+农户"运营模式，提高运营水平和市场开拓能力，2022 年全县农村产品网络销售额（零售额）6.83 亿元，同比增长 40.1%。颍上县以优势特色农产品为基础，利用"颍之上品"等公用品牌，打响颍上大米、颍上八里河、焦岗湖水产品、颍上小龙虾、颍上生猪等品牌知名度，持续开展春节线上消费节、走进田间地头直播助农、皖美消费·端午直播消费节助农等系列活动，充分发挥直播电商在拓宽农产品上行渠道和打造消费新场景方面的优势作用，促进优质特色农产品销售。2022 年，全县农村产品网络销售额为 27.98 亿元，同期增长 18%。在开展国家试点的同时，该省在长丰、和县、湾沚等 18 个县（市、区）开展省级试点。各试点县加大工作统筹和政策支持力度，结合本地特色产业，围绕打造优质特色农产品供应链、建立适应农产品网络销售的运营服务体系、建立有效的支撑保障体系等重点任务，推动农产品产得优、卖得出、卖得好，促进农业高质量可持续发展。

（二）存在问题

一是农业生产分散、主体规模较小、标准化程度不高，初级农产品向适合网络销售的商品转化困难。二是农村电商人才缺乏，农业农村电商主体缺少品牌培育、网上营销等人员，把握电商发展趋势和创新发展能力不足。三是农产品冷藏保鲜设施不完善，存在断链、成本偏高等问题。

（三）下一步工作计划

（1）深入推进"互联网+"农产品出村进城工程，进一步发挥"互联网+"优势，建立完善适应农产品网络销售的供应链体系、运营服务体系和支撑保障体系。

（2）推动各地、新型农业经营主体等与知名电商平台加强分拣包装、品牌打造、产品营销等方面的深入合作，利用电商渠道进一步扩大销售渠道。

（3）加大农村电商人才培训，在农业生产经营主体中普遍开展农村电商业务知识培训，提高农民群众电商营销能力。

九、福建省农业电子商务发展报告

（一）主要做法与成效

1. 农产品电子商务发展情况

（1）深入抓好示范县建设。以全省39个国家电子商务进农村综合示范县为抓手，畅通农产品进城流通渠道，促进农村产品和服务网络销售，助推农村一二三产业融合发展。2022年，全省有电子商务年交易额超过3 000万元的"淘宝镇"204个，数量居全国第五位，较2021年增加14个；电子商务年交易额超过1 000万元的"淘宝村"643个，数量居全国第六位，较2021年增加72个。

（2）加强农产品电商企业培育。充分利用电子商务集聚区、本地产品网上销售奖励、电商人才和示范企业培育等扶持政策，加大对农产品电商企业的培育力度，涌现出"西畴商城""全福农场""e亩良田""靠莆生活""方家铺子""百盛大同""壶兰乡村"等一批本土电商平台和电商企业，培育出"闽光云商""美宁电商""建宁公主"等年交易额过亿的龙头示范企业，以及"智翔贸易""罗大胡子""老土农业"等年销售额过千万的重点电商企业。

（3）加大农产品电商人才孵化。各地通过举办直播电商技能竞赛、遴选十大"网红"主播等活动，加强"网红"孵化、人才引进与培育。抖音直播账号、橱窗小店等遍地开花，在抖音平台就有"尺哥""课余时间""大草北""三明食探"等网络"大V"账号破土而出，"渔戈兄弟""小田姑娘""银耳姐姐张家巧"等一批具备一定影响力和带货能力的本土"网红"也相继涌现，"寻真味·佬美"抖音"粉丝"突破1 000万人，单场直播销售破万元大关账号持续增长。

2. 休闲农业发展情况

（1）培育好品牌。2022年，推荐申报全国休闲农业重点县2个、中国美丽乡村休闲旅游精品线路50条；新增中国美丽休闲乡村8个，推介省级休闲农业示范点和美丽休闲乡村 69 个，超额完成年度绩效目标。

（2）塑造好形象。线上线下两条线开展休闲农业宣传，线上持续在农业农村厅门户网站和今日头条宣传休闲农业精品景点，发布 18 期，展现量超 2 021 万次，点击量超 71 万次。

（3）打造好服务。举办农村创新创业与乡村休闲旅游省级培训班，培训休闲农业点负责人 50 多名；印发《关于做好农事休闲活动安全生产工作的通知》，常态化开展安全生产检查、督促、指导工作。

3. "互联网+"农产品出村进城工程进展情况

福建省高度重视"互联网+"农产品出村进城工程建设，认真贯彻落实农业农村部工作部署要求，强化数字赋能，发挥互联网优势，畅通产销衔接，推动农产品卖得出、卖得好、卖得顺畅。根据专业机构监测统计，2022 年，全省农村网络零售额 2 588 亿元，同比增长 0.4%，规模居全国第三位；农产品网络零售额 454.6 亿元，同比增长 27.3%，高于全国增速 6.4 个百分点，规模居全国第五位。

（1）加强领导，高位推进。福建省政府高度重视，省政府常务会议专题研究审定，省农业农村厅等 7 个部门联合印发了《"互联网+"农产品出村进城工程实施方案》，提出以县为单位全面开展"互联网+"农产品出村进城工程建设。省市县三级相继成立"互联网+"农产品出村进城工程联席会议工作制度，出台推进工作方案和配套政策措施，安溪等 5 个国家试点县全部成立以县委副书记、县长或分管副县长任组长的领导小组，各地加强部门协作配合，统筹推进工程实施。

（2）完善体系，夯实基础。建成福建"农业云"131 信息工程，开展全省农业大数据开发应用，引导各类主体精准安排生产经营。建设优质农产品标准化示范基地，推行食用农产品承诺达标合格证与一品一码追溯并行制度，打造了"福农优品"和"福"字号等系列绿色优质农产品。开展农产品产地冷藏保鲜设施建设，打通农产品出村进城"最初一公里"。积极推进电子商务进农村示范县创建，大力培育推广网络直播、"网红"带货、"第一书记带你买好货"等网销新模式新业态。

（3）创新举措，提高实效。制定工程评价体系，将工程实施情况纳入全省实施乡村振兴战略实绩考核，督促推进工程实施。在农业农村部推荐的 92 家工程建设参与企业名录基础上，创新性面向社会征集 14 家省级工程参与企业，共同开展运营。部署各地按照"县级自评、市级复核、省级抽查"的要求全面完成自评估，到 2022 年年底，基本实现每个涉农县培育 1~3 个具备一定产业化、规模化基础的重点优质特色农产品，形成一条产销一体化农产品电商供应链，农产品出村进城更为便捷、顺畅、高效。

（二）存在问题

一是农村电商人才缺乏，随着电子商务的快速发展，企业对高端的专业技术和管理人才需求量大，网店运营推广、美工设计、直播业态、数据分析等方面的专业人才仍然较缺乏。二是农业生产资料属于大宗商品，受制于商品利润低、配送不方便、农户互联网接受难度大等因素，省内目前还没有成规模的农业生产资料电子商务平台，农业生产资料电子商务处于萌芽发展期。三是农产品电商龙头企业数量少、规模小，转型升级速度跟不上发展速度，缺乏知名网销品牌，带动力不强。四是休闲农业方面没有专项经费，开展有关工作缺乏有力抓手，宣传推介渠道相对较窄，还需要进一步拓展宣传渠道，创新宣传方式，提升覆盖面和宣传效果。五是"互联网+"农产品出村进城工程缺乏专项资金，企业对接较难，实施效果不平衡。"互联网+"农产品出村进城工程涉及 20 多个职能部门，涵盖面广，工作复杂程度高，无专项资金支持工程建设。参与企业需要在每个项目县投入 500 万元资金参与工程建设的企业，对于跨区域参与工程建设的企业，投入资金较难，影响部分县（市、区）对接。根据自评估结果，各地工程实施效果不平衡，部分县（市、区）实施效果不够理想。

（三）下一步工作计划

1. 加强电商人才培训

对家庭农场、农业合作社的领办人及会员，农村科普带头人，传统种植、养殖、加工大户，农村能人、经纪人等职业农民，返乡创业的大学生、退伍军人、农民工，以及其他有学习能力的农民进行电商培训，让想创业者低门槛进入、初创业者低成本运营、创大业者低风险发展，为经济增长提供新的动能。

2. 加强电商品牌培育

推进农业企业加快电子商务应用，鼓励当地知名品牌整合优化产业链，并按消费需求进行品牌互联网化提升，推动该省特色优质农产品进行网上销售，发展直播新业态，进行营造价值、全渠道、故事化推广，树立有影响力的网销拳头品牌。

3. 加快发展休闲农业

新增一批全国休闲农业重点县、中国美丽休闲乡村，推介 50 个省休闲农业示范点和美丽休闲乡村。继续在线上宣传休闲农业精品景点，举办福建省休闲农业精品线路推介活动，多渠道提升宣传成效。加强休闲农业经营主体培训，开展省级休闲农业示范点和美丽休闲乡村监测。同时，组织各地申报第七批中国重要农业文化遗产。

4. 协同推进"互联网+"农产品出村进城工程实施

将"互联网+"农产品出村进城工程与信息进村入户工程、特优区、品牌农业、数字农业、"3212"工程等多项工作有机融合，并针对自评估过程发现的薄弱环节，进行再梳理、再提升、再深化。整合资源延长工程产业链条，持续开展农产品仓储保鲜设施建设，加强农产品产地预冷、清洗分拣、深加工、包装仓储等，提升产地农产品商品化处理能力，抓好农产品标准化生产、质量认证、产品追溯、线上线下营销。

十、广东省农业电子商务发展报告

（一）主要做法与成效

1. 全方位推进广东省"互联网+"农产品出村进城工程建设

（1）根据《广东省"互联网+"农产品出村进城工程实施方案》（粤农农〔2021〕47号），广东省农业农村厅联合省发展改革委、省财政厅、省商务厅印发《关于组织推荐广东省"互联网+"农产品出村进城工程省级试点县的通知》（粤农农函〔2021〕958号），经各县（市、区、镇）自主申报，地市审核推荐，组织专家评审，网上公示，共推选出22个县（市、区、镇）作为"互联网+"农产品出村进城工程省级试点县。

（2）22个省级试点县开展了工程实施效果跟踪评估工作。通过调研评估，总结成果模式和先进经验，制作宣传专题、拍摄宣传视频，强化成果宣传推广，以点带面，辐射带动，形成试点成效倍增放大效应，以期推动该省"互联网+"农产品出村进城工程工作落地生根，取得实效。

（3）结合该省农产品"12221"市场体系建设成果，发挥"互联网+"优势、信息进村入户工程成效，联动高校、广东省"菜篮子"基地、电商平台、科研单位在广州、韶关、阳江等地举办多场农产品产销对接活动，聚焦供需对接、支配式产销模式和线上线下一体化营销3个环节，不断增强上下游产业的吸附力，提高农村电商产业的集聚度，打造电商专业人才的汇聚地，完善农村电商生态圈，畅通农产品营销，提升农产品品牌的竞争力。

2. 培育良好电商营商环境推动产业发展

（1）建立农产品大数据平台，整合生产、流通和市场的大数据，建成集产品生产加工、产销行情、物流配送、市场销售为一体的"广东农产品保供稳价安心数字平台"，依托该数字平台已建成荔枝、菠萝、生蚝等8个岭南特色农产品大数据平台。种植户、采购商等市场主体及政府决策部门通过农产品产能、上市期、发货量、地头价、市场价、走货量、采购商指数等数据了解农产品市场行情，有效提高了农产品市场交易效率。2022 年，茂名荔枝产业大数据平台投入运营，涵盖产区、销区、电商、物流冷链四大领域大数据，实现市场行情信息精准触达。

（2）创新数字营销模式。创新云直播、云发布、云签约、云采购、云消费、云旅游等数字营销模式，实现销售主动化、自动化、精准化。2022 年，广州发布"荔枝赏味图"，涵盖全市 603 个荔枝园；从化推出"慢赏从化荔枝 100 天"带热云销售；茂名组织"十万电商卖荔枝"活动，吸引 185 家企业团体参加；惠来依托"惠来五宝云展馆"等平台，打造惠来荔枝云上直播专区；云浮市郁南县发布黄皮采购导览，举办"2022 郁南无核黄皮推介会暨百千网红直播周"系列活动，邀请全国各地采购商走进果园基地，进行产销对接。

（3）持续培育数字新农人。省农业农村厅成功举办"大培训　大擂台　大卖场——百名网红千名主播菠萝的海培训直播及数字营销行动"，培育直播人、直播店、直播村、直播镇、直播县，形成"网红+主播+新农人"的梯形战队和庞大军团。开展"大培训"，联合全国各地网络达人、国际友人、各省名嘴代表、本地"网红"代表等逾百名直播达人，在菠萝田间开展直播培训，打造"1 个网红、10 个新农人、1 个团队"的"师傅带徒弟"帮扶模式，培养一手拿锄头一手用手机、既会种菠萝又会卖菠萝的"双栖"新农民。高州启动百日千园万人直播培训行动，打造"荔枝直播第一县"；郁南开展"百千网红大直播大培训"活动，培育近百名新农人主播。

（4）举办迎春网络年货节暨"云上花市"活动。认真落实省委、省政府关于做好元旦春节期间新冠疫情防控工作部署，2020—2022 年连续 3 年举办迎春网络年货节暨"云上花市"活动，畅通年宵花等农产品销售渠道，确保农民获得收入，保障市民消费需求，推动线上购年宵花成为新年俗。2022 年"云上花市"带动广东年宵花价格攀升、销量大幅上涨，实现"云上花市"提质增效新突破，据不完全统计，全省共销售年宵花近 2.55 亿盆（株），累计销售额超 43 亿元，其中"云上花市"销售额近 2.95 亿元，同比增长约 64%，有效促进花农增收致富、花企效益提升。

（5）2020 年 12 月 12 日，首届世界数字农业大会在广州举行。农业农村部以及广东省委、省政府领导，联合国粮食及农业组织代表，6 位院士及一大批知名专家学者，企业界"大咖"参加了活动，社会各界反响热烈。2022 年 12 月 12 日，该省以"种铸强芯，数领未来"为主题，创办全国首个元宇宙种业大会，打造全球首个数字农业线上发布厅，全面呈现 10 年来广东省在种业振兴、粤强种芯工程、农业数字化方面的新成就，展示国内"顶流"现代农业综合技术示范高地、创新高地和开放高地，并向全国公开征集"100 名专家、100 名新农人、100 家企业、100 个基地、100 项技术、100 套装备、100 个模式"。

3. "互联网+"农产品出村进城工程试点取得良好成效

"互联网+"农产品出村进城工程试点以来，各省级试点县先行先试，全面推进各项试点建设任务，取得了阶段性效果。农产品电商销售方面，试点县运用抖音直播、"网红"带货、品牌路演等方式开展试点农产品网络销售和区域品牌推广，成效明显。据统计，2021 年各试点县农产品网络零售额均值近 2.28 亿元，同比增长 10%，与 2021 年全国农产品网络零售额 7% 的同比增速相比，高了 3 个百分点。通过区域农产品品牌打造和宣传推广，试点县农产品实现了优质优价，有效带动了农民增收。2021 年各省级试点县农民人均可支配增速 11.4%，与 2021 年全省农村居民人均可支配同比增速 10.7% 相比，增加了 0.7%。

（1）形成了一批典型案例和成熟模式。各省级试点县抢抓机遇，积极探索"互联网+"农产品出村进城的有效途径和举措，在推进机制、主体建设、平台推广、品牌打造、新媒体运作等方面形成了一批典型案例和运作模式。例如，广州增城区以荔枝为试点农产品，打造荔枝产业全产业链"数据中台"，多方协调电商物流企业，积极谋划荔枝营销工作，开启"增城田园美好记录官"抖音话题，举办"千企给'荔'"团体预购活动，"网红"直播，对接京东特产地方馆，建立仙村、石滩荔枝联盟，带动农民增收，其中仙村镇荔枝农户人均可支配收入达 3.8 万元，高出全区平均水 19.87%。汕尾陆丰市以产区经纪人为抓手，通过产业化运营主体打造"1+20+N"产区经纪人团队，搭建农产品产销数据服务中心，实现全市农产品规模、产量、上市期的全面掌握，精准有效对接采购商，促进农产品销售。

（2）农产品出村进城供应链韧性不断增强。依托农产品仓储保鲜冷链物流设施建设工程，该省聚焦鲜活农产品主产区和特色农产品优势区，重点围绕蔬菜、水果，兼顾地方优势特色品种，建设 1 550 个产地冷藏保鲜设施，截至 2022 年 12 月底，全省新建农产品产地冷藏保鲜设施 1 400 余个。通过两年多的持续建设，该省水果、蔬菜、南药等特色农产品产地冷藏保鲜、商品化处理和减损增值能力明显提高，农产品出村能力和供应链韧性不断增强。

（3）进一步提升农产品出村进城能力。通过信息进村入户工程建设，截至 2022 年，全省已经建设了 110 家县级运营中心和 19 966 家村级益农信息社，基层网络站点覆盖全省 19 732 个行政村，累计培训 63.66 万人次，初步形成了纵向联结省、市、县（区）、村，横向覆盖政府、农民、企业的信息服务网络体系，构建了有效带动农民脱贫增收的电商服务通道和农产品出村进城的上行渠道。

4. 打响了一批"粤字号"农业品牌

该省全面推进"粤字号"农业知名品牌创建行动，建设省级特色农业品牌、打造县域特色产区，逐步形成区域公用品牌、企业品牌、产品品牌相融合的品牌发展架构，培育了一批省级特色农产品优势区和品牌示范基地，全省品牌产品效益较产业平均水平提升 10%以上，梅县金柚、英德红茶、高州荔枝、化州橘红、凤凰单丛茶、台山鳗鱼等一批县域公用品牌实现品牌价值超百亿。广东荔枝成为互联网营销热点，畅销国内国外两个市场，率先成为全国品牌典范，广东菠萝、广东（梅州）柚、阳西生蚝、惠来鲍鱼、澄海狮头鹅等一批"粤字号"农产品享誉全国、走向世界。2022 年，面对严峻的市场销售形势，全省各产区顶住压力，荔枝产量 120.6 万吨，鲜果产值约 149.2 亿元，比 2021年增加 6%，实现了产量减收入增，全省荔枝均价达 12.4 元/千克，同比提升29.17%；全省黄皮种植面积超 20 万亩，产量约为 15 万吨，其中黄皮主产区郁南县无核黄皮种植面积 17.1 万亩，产量 8.92 万吨，田头销售均价达 15.0元/千克；珠海白蕉海鲈在丰收节主会场"一炮而红"，丰收节后塘头收购价从 9 月初的 25.0~32.0 元/千克升至 27.0~36.4 元/千克，在海鲈鱼上市旺季中刷新历史新高，热度延续至 2023 年春节前后，持续保持 26.0 元/千克的稳定优价；湛江金鲳鱼借助"年鱼经济"宣传推介，价格从 16.0 元/千克升至48.0 元/千克。

（二）下一步工作计划

1. 持续开展"互联网+"农产品出村进城工程建设和信息进村入户运营工作

制定广东省"互联网+"农产品出村进城试点复制推广工作方案，确保

2025 年全省主要农业县（市、区）全覆盖的建设目标顺利实现。进一步扩大试点范围，助力实施"百县千镇万村高质量发展工程"。指导各地开展系列信息进村入户运营活动，通过产销对接等活动，带动农产品出村进城。

2. 推动农业生产基础数字化转型

打造农村电商工作可依靠力量，发挥广东数字农业发展联盟、益农信息社及其省级运营商、农产品采购商联盟、农产品"保供稳价安心"数字平台、农产品电商协会等组织的引领作用。完善农产品电商配套基础建设，重点扶持水果、蔬菜、水产品等广东特色农产品产地冷藏保鲜和商品化处理。开展农业大数据平台建设，加快推动数字技术与农业生产体系、经营体系、消费体系融合，加快融入数字新经济，加大"云上花市""云展会"等模式推广应用力度。

十一、广西壮族自治区农业电子商务发展报告

（一）主要做法与成效

1. 农产品上行成效明显

据国家邮政局公布的"2022 年快递服务现代农业金牌项目"名单，广西柳州螺蛳粉、南宁沃柑、百色杮果、北海海鸭蛋和南宁蛋黄酥 5 个"快递+"服务项目入选。在年包裹量超过 2 000 万件的 22 类农特产品中，广西占据 4 个（柳州螺蛳粉、南宁沃柑、百色杮果、北海海鸭蛋），数量位居全国第一。其中，柳州螺蛳粉年包裹量超过 1 亿件，位居全国第三。柳州螺蛳粉包裹量 1.082 亿件，带动产值 34.12 亿元；南宁沃柑包裹量 2 377 万件，带动产值 16.64 亿元；百色杮果包裹量 2 224 万件，带动产值 7.12 亿元；北海海鸭蛋包裹量 2 039 万件，带动产值 7.14 亿元；南宁蛋黄酥包裹量 1 100 万件，带动产值 8.9 亿元。

2. 电子商务进农村综合示范成效明显

一是覆盖率高。截至 2022 年年底，广西累计 66 个县获商务部批准建设综合示范县，全区县（市）覆盖率达到 92%，其中，国定贫困县实现全覆盖。二是体系较齐全。广西初步建立农村电商公共服务中心、农村电商综合服务体系、县乡村三级物流配送体系、农产品营销体系、农产品上行体系、人才培育体系"一中心五体系"，累计建成电商物流服务站点 5 102 个，农村电商业务培训 40 余万人次，带动就业 70 余万人，累计培育农产品网销单品（SKU）5 180 个。三是示范县案例亮点纷呈。富川县打造拳头产品富川脐橙，培育出冰淇梨、香芋南瓜、冷泉香芋等四季生鲜单品，形成"春芋夏梨秋薯冬橙"全年无淡季的电商产品矩阵。横州市发展"电商+产业+扶贫"模式，打造了茉莉花茶、甜玉米、木瓜丝、横县大粽子、富硒大米等一批特色产品品牌，培育了"横县茉莉花"区域公共品牌。荔浦市培育出荔浦衣架、荔浦芋两个全国知名的"网红"电商品牌，以及荔浦砂糖橘、荔浦马蹄（荸荠）、休闲食

品、花卉苗木等一批较为畅销的电商产品。马山县发展"电商+公司（合作社）+农户"模式，推进农业品牌建设，打造马山黑山羊、里当鸡、旱藕粉、金伦红糖等特色产品，培育了"源生马山"区域公共品牌。凤山县建设标准化电商示范基地，整合供应链，加强检验认证、全程追溯，推动电子商务与传统产业融合，助力农产品上行，主打核桃、凤山大米、山茶油、八角等特色产品，打造了"凤栖源"区域公共品牌。德保县打造"电商+专卖店+便利店+展销会+直播+流动售货车"新零售综合体，带动小杂粮、沃柑、茶叶、大果山楂等农副产品销售，培育了"枫情德保""橙熏"等品牌。

3. 电商专项活动成效明显

一是广西商务厅、农业农村厅等部门联合开展"数商兴农"专场活动。活动期间，美团优选广西生鲜商品销售额同比增长 49.9%；云闪付商城开设"我的家乡味道广西馆"，围绕广西农特产品上市时间推动产品上架。桂品会平台推动米面粮油、茶叶等品类新增 200 余商家入驻平台。广西邮政邮乐网开展"吃货节""鲜果狂欢"等线上营销活动，组织社区团购 100 场、直播活动 20 场。二是广西商务厅等部门联合抖音平台开展了"山货上头条风味广西"电商助农活动，线上专区共推出 1.1 万款广西特色农产品，其中，柳州螺蛳粉、百色杞果、广西百香果、贺州象牙米、北海海鸭蛋黄酱位列销售额前五，百色芒果销量同比增长 75%，北海海鸭蛋及加工制品销量同比增长 164%；平台上的广西新农人和农货商家数量同比增长 183%。三是广西商务厅等部门联合抖音、美团、一亩田等平台分别开展"美好广西助跑计划""星火计划""灯塔计划"电商公益培训活动，持续推出网上培训课程，深入基层开展线下培训，培育一批农村电商带头人。其中，"美好广西助跑计划"2022 年实施以来，已开展近 30 场线上线下电商公益培训活动，共培训 1 万余人，帮助2 000 多个广西商家入驻抖音平台。

4. 农村快递物流持续推进

邮政管理、商务、农业农村等部门共同开展农村电商快递协同发展示范区培育，推动农村电商与快速物流协同发展。鼓励电商企业、快递物流企业开展市场化合作，发展统仓共配模式。例如，菜鸟在广西 44 个县域开展快递共同配送项目，覆盖县域建设配中心 44 个、县乡村三级站点 1 550 个。

（二）存在问题

一是农产品标准化、规模化、数字化水平不高，尤其是生鲜电商标准化、规模化程度偏低。农村电商未形成区域产业带动效应，除柳州螺蛳粉、百色柑果等少数品类外，整体处于小而散状态，在发展中未能与现代农业体系有效衔接，导致网络适销产品少、产品供应不稳定。二是电商产业资源分布不平衡。广西电商各类资源主要聚集在南宁、柳州、桂林等城市，多数地区缺少专业的电子商务产业园、快递物流分拨中心等。城乡之间末端物流和服务配套不平衡，农村地区基础设施存在较大短板，农产品"进城最前一公里"、地头冷库、冷链物流等关键配套设施刚起步建设。

（三）下一步工作计划

1. 开展"e网好'丰'景"电商平台专场活动

联合阿里和京东两个大型公域流量电商平台，开设电商专区，精选桂酒、桂茶、桂菜、桂味等产品参与活动。京东平台推出"千县名品"专栏，对"桂品"进行促销；阿里系平台将召集头部店铺、头部主播开展"e网好'丰'景"专场促销活动，共同打造农产品"网红爆款"，打响"桂字号"农业品牌，带动网络销售。

2. 开展"果真不一YOUNG"中央电视台主持人直播活动

专场直播活动锁定"果真不一YOUNG"，建立统一品牌形象，高度聚焦市场关注，形成品牌深刻记忆点。采用线上线下联动的形式，用N个预热产品+1场大型带货直播+5个小型直播带货，中央电视台主持天团将走进广西，化身"好果推荐官"，开展4小时的带货直播，开设北京+广西两大直播会场。该直播活动将以果为媒，让消费者体味独特广西味道，展现广西各地的历史文化、民俗风情和发展成就。

十二、四川省农业电子商务发展报告

（一）主要做法与成效

1. 多措并举推动农业电商提质增效

四川省各地将培育农业电商经营主体和培育扶持专业化、本土化农业电商平台相结合，鼓励支持新型经营主体入驻各类电商平台。农产品网络销售方面，2022年全省农村网络零售额达到2 047.8亿元，同比增长6.6%，农产品网络零售额达到441.8亿元，同比增长14.5%。"互联网+"农产品出村进城方面，广安市广安区、雅安市汉源县、凉山彝族自治州会理市积极开展国家级试点，成都市蒲江县、宜宾市翠屏区、广元市青川县、达州市渠县、南充市西充县等地积极开展省级试点，积极利用"互联网+"为农产品销售插上"云翅膀"，直播带货等新业态蓬勃发展，逐步补齐传统农产品营销短板，注入群众增收致富和乡村振兴的新动能。益农信息社方面，在绵竹市、内江市资中县、雅安市汉源县等地开展益农信息社提档升级试点，探索益农信息社为农服务长效运营机制。打造"四川农耕"直播间，2022年开展助农电商直播近40场次，观众上百万人次，销售订单数共计5 621单，带动农产品销售额11亿元。

农产品基地建设方面，广安市广安区围绕优质粮油、优质生猪两大主导产业，发展龙安柚、湖羊、稻渔综合种养、粮经复合、乡村旅游五大特色产业，初步形成"2+5"现代农业产业体系。建成现代农业产业基地80万亩，其中，粮油基地27.98万亩、蔬菜基地24.58万亩，水果基地27.44万亩。年出栏优质生猪、湖羊83万头。2022年广安市广安区粮油现代农业园区成功创建为省级三星级园区。

农产品烘干冷链物流方面，围绕"产村相融、农旅结合、种养循环"发展思路，依托农产品产地初加工等项目建设，大力发展农产品烘干冷链物流等初加工产业。目前已建成农产品烘干仓储冷链物流设施62座，农产品加工厂（场）42个，年加工能力达100万吨。

2. 积极推进"互联网+"农产品出村进城工程

宜宾翠屏区采取"政府+企业"模式，以茶叶作为试点品种，从推进机制、主体建设、平台推广、品牌打造、新媒体运作等方面发力，开展宜宾早茶等农特产品线上线下推广及营销活动，依托区电商产业园打造电商孵化基地暨区域电商特色产品体验中心、电商直播基地，开展直播基地选品中心与产品对接活动。南充市西充县通过运营主体开展种苗培育、土地托管、配肥植保、农机服务、烘干冷链、电子商务服务、加工物流、销售推广及电商培训等各环节服务，推动柑橘、香桃、香薯、青花椒等农产品的生产和销售。联合县供销合作社建立"互联网+"农产品出村进城便民服务点，配备农业生产资料供给、农业技术服务、产品销售等服务项目。

3. 开展农业信息化服务

按照"互联网+农业"发展思路，积极推进互联网与农业生产、管理、流通、培训等全领域深度融合，努力实现农业生产信息化、数字化、智能化。一是开展物联网基地试点。依托现有农业产业基地，新建农业物联网示范基地3个，建成支撑试点区域物联网服务体系，构建农产品生产、加工、流通、交易、消费全程供应链管理体系和农产品质量安全溯源体系。二是构建"互联网+农产品"营销体系。实施"互联网+"农产品出村进城行动，开展农产品互联网品牌培育、农产品直播示范基地建设、农产品商标注册及扶贫产品认证等，建立适合农产品网络销售的"互联网+农产品"营销体系。通过引进京东、淘宝、832扶贫网及社交平台等，在其平台开设京东特色馆、网络店铺，同时通过一亩田、微店、环球捕手、贝店等平台，打造地方特色产品，增强网络品牌效应，为地方特色产品的网销之路搭建优质平台。三是促进乡村信息服务融合。完善升级益农信息社、电商服务点等村级站点，整合利用系统、人员、资金、服务等要素，搭建综合性农业产业生产服务信息平台，便捷高效服务农业生产。通过"内销+出口"方式，组织农产品进机关、进企业、进商超、进学校、进医院，2022年累计销往北京、浙江等地的广安特色农产品销售额达900余万元，出口柠檬、龙安柚等500余吨。

（二）存在问题

1. 农产品竞争力不足

一是品牌影响力较低。该省农产品品牌化仍处在起步阶段，有全国影响力的品牌较少，品牌普遍缺文化、缺包装、少特色。二是加工农产品还不多。大多数特色农产品仅停留在鲜品销售阶段，深加工产品较少，产品附加值较低。

2. 农产品网络营销比例较低

一是农产品网络营销人才缺乏。专业化信息技术人才和网络营销人才十分稀缺，农产品的网络营销较为落后。二是冷链物流水平有限。该省农产品大多以鲜品销售为主，现有物流水平发展有待提高，加上专业化物流企业和人才欠缺，难以满足农产品网络营销要求。

（三）下一步工作计划

1. 持续实施"互联网+"农产品出村进城工程

抓住新业态新消费发展趋势，大力推进"互联网+"农产品出村进城试点。从产地和市场两端发力构建高效、协调的现代农业产业体系。以县域为单元，构建1个知名电商企业、1个运营主体参与，带动 N 个市场主体的"1+1+N"市场化运营机制。不断打造"算法派单、线上下单、线下配送"的电商销售模式，以信息技术带动业态融合，打通农产品销售堵点，畅通农产品销售渠道。

2. 持续加快数字农业人才培养和队伍建设

加强农业人才队伍数字化建设，建立数字化人才培育机制，充分利用信息化手段，增设网络课堂，扩大人才培养范围；组建数字农业专家库，加强与四川农业大学、四川省农业科学院等高校、科研院所和信息化企业的深度合作，建立并充实数字农业专家库。创新教授、专家面对面培训、线上指导等方式，聘请行业专家进行专题培训；强化"互联网+农业"知识培养，在现代农业示范（产业）园区、大中型种养企业、专业合作社的专业技能和知识更新培训中，增加农业信息化新知识、新技术应用专题课程，为数字农业发展提供人才支撑和保障。

十三、云南省农业电子商务发展报告

（一）主要做法与成效

1. 培育农村电商新型业态

配合省级相关部门持续推进"一部手机云品荟""一部手机游云南"等本土销售平台应用，831 个生产企业、736 个品牌、7 730 个单品入驻"云品荟"商城，推动产地销售转型升级。规范发展直播销售、社区团购新业态，开展"四季云品"直播活动，宣传推介、展示销售云南优质农产品。全省网商数量累计达 77.5 万余家，通过公共网络实现销售的企业有 628 家，累计带动就业201 万人。

2. 实施信息进村入户工程

截至 2022 年 12 月 31 日，全省制作悬挂"益农信息社"标识牌12 760 个，其中中心站点 39 个、专业型站点 1 583 个、标准型站点 2 356 个、简易型站点 8 782 个，行政村覆盖率达 100%。累计培训村级信息员 9.04 万人次，累计发布信息 5.39 万条，依托益农信息社或平台便民服务累计 86.87 万人，依托益农信息社或平台便民服务的金额累计超过 4.3 亿元，依托益农信息社或平台农产品交易的金额累计超过 1.59 亿元。

3. 完善农村电商公共服务体系

积极配合商务部门推进电商进农村综合示范项目建设。截至 2022 年，全省有电商进农村综合示范县 114 个，数量居全国第一位；全省累计建成电商公共服务中心 124 个，物流配送中心 121 个，乡镇电商服务站 1 211 个，村级服务点 7 789 个，快递覆盖 8 505 个行政村。农村电商公共服务体系和物流配送体系不断完善，工业品下乡和农产品进城渠道进一步畅通。

4. 推进冷链物流设施建设

实施农产品仓储保鲜冷链物流设施建设工程，推进鲜活农产品低温处理和产后减损，提高农产品流通效率和现代化水平。截至 2022 年，全省 16 个州

（市）已建成冷库 7 548 座，库容 604.1 万米^3，初步形成以蔬菜、水果、花卉生产基地为基础，以区域性和综合性冷链物流市场为依托，以大型冷链物流为支撑的冷链物流设施网络。

5. 构建县乡村三级物流配送体系

云南省农业农村厅积极协助省级相关部门在全省全面布局县级物流配送中心、乡镇和行政村快递网点，开展统仓共配，提高物流时效。自 2022 年开始，商务部门投入 3.1 亿元开展农产品供应链体系建设和县域商业建设行动，持续推动资源要素向农村市场倾斜，进一步完善农产品流通骨干网络。

6. 提升农产品商品化程度

2018—2022 年连续 5 年组织开展云南省"十大名品"、绿色食品"十强企业""二十佳创新企业"评选，兑现奖励资金 3 亿余元，打造名品名企孵化金字招牌。大力推进品种培优、品质提升和标准化生产，率先对茶叶绿色有机基地建设和产品认证实施奖补，全省绿色食品有效获证产品数量由 2017 年的全国第十一位升至第七位，有机农产品有效认证数量由全国第八位升至第二位，获证市场主体数量由全国第八位跃升为第一位。建立绿色云品品牌目录制度，711 个品牌纳入目录管理。普洱茶、小粒咖啡、文山三七、宣威火腿等 10 个产品入选中欧地理标志协定保护名录。

7. 举办网络促销活动

2022 年 12 月，以"四季云品 产地云南"为主题，联动抖音、京东等平台，成功举办"四季云品 产地云南"电商年货节，在中国网、凤凰网、今日头条等媒体上全网传播，"四季云品 产地云南"在百度上成为热搜，并实现直播销售额 2 854.96 万元，签订意向购销合同金额达 6 000 万元。

8. 打造"云品"常态化营销阵地

云南省农业农村厅积极配合相关部门，组织在天猫商城开设"云南绿色食品牌官方集合店"，2022 年全年销售总额为 127.16 万元，同比增长 3.6%，累计合作品牌 25 个，全年累计上架 80 个链接共 147 款商品。

（二）存在问题

1. 农村电商发展迅猛但规模不大

近年来，云南省农村电商发展迅猛，但是与东部发达地区相比，存在农产品商品化率不足、电商企业整体竞争能力不强、规模小等问题。全省实物商品网络零售额占社会消费品零售总额比重明显低于全国平均水平。

2. 农产品可电商化水平低

农产品生产企业小、散、弱，企业品牌意识不强，标准化、规模化生产程度低，网上市场竞争力弱。部分深加工农产品缺乏相应资质认证，不能在有影响力的平台上销售，制约农产品规模上行。

3. 农村物流发展缓慢

云南省农村以山区和半山区为主，农村物流基础设施落后，严重制约农村电商发展。农村快递物流小、散、杂，乡镇站点多为加盟、代理和承包网点，大多数行政村没有设立快递服务点，物流快递在及时性、可靠性、服务水平、运输成本方面存在短板。

4. 农产品生产企业缺乏电商平台运营能力

在传统的农产品销售模式下，生产经营主体缺乏营销意识，导致其产品在电商平台竞争力不足。

（三）下一步工作计划

（1）开展"数商兴农"行动，助力乡村振兴。扎实做好电子商务进农村综合示范项目工作，做好与县域商业建设行动的统筹衔接，从"重建设"向"重运营"转变，确保示范县持续稳定发挥效用。持续推进"数商兴农"赋能"云品"上行系列活动，助力农民增收。以"一部手机云品荟"平台为支撑，建立"云品"数据库、直播达人库、供应链企业库，促进供需有效对接。

（2）开展消费数字化升级行动，壮大"云品"网销规模。组织开展网上年货节、"双品网购节"、农民丰收节等活动。以"品乐购专区"为阵地，持续推出各类促销活动，助力"云品出滇"。培育消费新模式新业态，着力挖掘线上新型消费潜力。支持传统商贸企业电商化转型，拓展农产品线上销售渠道。鼓励电商服务企业开发品质、品级、品位和性价比高的产品对接电商端，挖掘、培育、推广一批有区域特色、有市场潜力、有带动效应的农特产品网络品牌，打造"网红"产品。

（3）加强人才培训，夯实电商发展基础。以农村县域为重点，开展电商职业技能培训，加大对懂技术、会营销的电商人才的培养力度。加强和阿里、京东、抖音、快手等电商平台合作，加大本地直播人才的培训培养和支持力度。

（4）在"互联网+"农产品出村进城方面，推进农村电商与农业产业深度融合发展，打造一批县级农产品产业化运营主体，加快建立完善适应农产品网络销售的供应链、运营服务、支撑保障体系。持续推进农产品产地冷藏保鲜设施建设，补齐农产品电商基础设施短板。提升品牌影响力，实施农业品牌精品培育计划，抓实品牌目录、品企评选、农产品地理标志登记等工作，深入挖掘农产品独特价值，提高"绿色云品"的影响力、竞争力。

十四、甘肃省农业电子商务发展报告

（一）主要做法与成效

1. 扎实推进县乡村电商服务体系建设

目前全省有电子商务进农村综合示范项目 80 个（其中 12 个为"二次支持"的县），覆盖 68 个县，实现 58 个原国家级贫困县全覆盖。在综合示范项目的带动下，实现了 75 个原贫困县县级电商公共服务中心全覆盖，原贫困村的乡镇电商服务站全覆盖。随着县乡村三级服务体系功能配套日趋完善，打通了农村地区农产品销售和生产生活用品购买的网上新渠道。

2. 积极培育农村电商运营主体

鼓励各县积极出台优惠政策，引导本地电商企业入驻公共服务中心开展培育和孵化。依托公共服务中心积极为农产品、民俗产品、乡村旅游等农村特色产品网销提供品牌培育、包装、网络营销策划、网站托管等增值服务，统筹开展对乡村级服务网点的业务指导，形成统一的运营整体。支持农产品加工企业依托电商转型升级，在农业产品销售过程中应用互联网技术，提升电子商务在农业农村的应用水平。通过开展省级优秀电商企业和网店评选，发挥电商扶贫示范引领和带动作用。截至 2022 年，全省有网店 21 万多家，活跃的实物网店 9 万多家，其中涉农网店 4 万多家，成为农产品网上销售的主要力量。

3. 加强农村电商人才培育和孵化

采取"请进来"与"走出去"方式，邀请国内知名电商专家授课，传经送宝。组织有发展潜力人员到省外接受培训，增长见识，开阔视野。变"大水漫灌"为"精准滴灌"，增强培训工作的针对性和有效性，提高培训转化率。鼓励电子商务企业开展以农村青年、返乡大学生、退伍军人等为重点的电子商务培训，培育一批"乡村网红""草根明星"等电商致富带头人。先后开展"电商扶贫培训全覆盖"工程，联合商务部市场建设司举办电商专家（甘肃）下乡活动，组织选派电商扶贫骨干参加了商务部中国国际电子商务中心"电商精准扶贫讲师专题培训班"，连续多年举办全省电商扶贫产品"三品一标"品牌认证培训班，紧跟新业态举办全省直播电商骨干人才培训，为电商发展提供了人才保障。

4. 开展网络直播带货活动，助力农产品销售

各地通过充分发挥直播电商引流带货优势，推进直播电商在扶贫助农领域的应用，积极开展网络直播带货活动。陇南通过开展"走进原产地""牵手中石油　共推好产品""纾困520 大促618""民企陇南行""兰洽会""重庆中国川渝火锅产业大会暨武都花椒交易会"等产销对接活动，以年货节、三八妇女节、"520""618"、七夕等为主题开展线上线下营销活动27 场次，并依托陇南电商平台先后自主策划各类展销活动58 场次，对当地特色农产品品牌塑造、知名度提升起到了积极推动作用，引发广大网民的围观及新闻媒体关注。

5. 积极推进"互联网+"农产品出村进城工程

一是积极培育县级农产品产业化运营主体。榆中县、白银区两个试点县（区）根据当地特色产业发展实际，选择有带动能力的产业化运营主体，以"公司+基地+农户+市场"方式，组织新品种引进与推广，带动农户订单种植、产品加工，拓展特色农产品销售渠道。二是打造优质特色农产品供应链。试点县（区）结合农产品仓储冷链物流设施建设工程，统筹现有的农业产业园、示范园或电商孵化园等资源，建设改造具有集中采购和跨区域配送能力的农产品分拣包装集配中心，通过政企联动，实现了线上线下融合销售。三是完善农村电商服务产业链。榆中县积极探索"企业+基地+网店""协会+合作社+网店"等模式，建成县级电子商务公共服务中心、乡（镇）级服务站、村级服务点，实现了县乡村三级电商服务全覆盖。白银区充分发挥300 多家供应销售网点、近百家专业合作社与产品供应基地的服务优势，以网络主播培训、主播带货、"网红"打造等多种方式，通过天下帮扶、阿里巴巴、天猫、淘宝、京东、拼多多、抖音、今日头条、快手等平台实现了当地特色农产品的对外输出。

（二）存在问题

近年来，在国家和甘肃省的高度重视与大力支持下，甘肃省农业电子商务经历了由点到面、由少到多、由初级到高级的发展历程，探索出电商扶贫"陇南模式""环县模式""广河模式"并在全国得到推广，农村电商为农产品"撬"开了网上大市场，成为农民群众创新创业的"聚集地"、增收致富的"新引擎"、脱贫攻坚和乡村振兴的"新动能"。但是，在电商公共服务体系和快递物流体系建设、网货品牌培育、市场主体的综合运营能力等方面，仍有很大提升空间。"互联网+"农产品出村进城工程取得了一定成效，服务规模不断扩大，在发展富民乡村产业、助力当地农民增收中起到了重要作用，但仍存在一些问题和不足。一是缺乏资金支持。由于"互联网+"农产品出村进城工程没有财政资金扶持，很多农业龙头企业、农民专业合作社、家庭农场等新型农业经营主体对"互联网+"等数字农业技术投资意愿不强，考虑到农业生产周期长、农业产业风险大、投资回报缓慢等因素，试点县（区）运营主体的持续发展能力、带动农产品上行的能力受到很大考验。二是试点县（区）"互联网+"从业人才短缺，中高端"互联网+"企业经营管理和技术人才，特别是高端领军型人才相对匮乏，一定程度上影响了"互联网+"农产品出村进城工程的实施。三是村级电商平台配套仍需完善。部分乡（镇）村"互联网+"产业的配套设施建设不够完备，无法正常运行，难以带动辐射周边农村产业发展增收。

（三）下一步工作计划

甘肃省将着眼乡村振兴和县域商业体系建设需要，进一步激发农村市场主体活力和内生动力，聚焦农村电商发展的短板，推动资源要素向农村市场倾斜，着力在提升县乡村三级电商服务体系功能、科学合理布局上下功夫；着力在健全完善县乡村三级快递物流体系、推动融合发展上下功夫；着力在挖掘农村产业优势、促进农民增收上下功夫；着力在推动农村商贸流通体系转型升级、实现线上线下融合发展上下功夫；着力在推进全省电商同城配送体系建设、挖掘城乡居民消费升级潜力上下功夫，持续在乡村振兴中发挥应有作用。

在"互联网+"农产品出村进城工程推进方面，将着力加大政策引导，通过整合现有资金，积极争取国家资金，形成稳定的信息化投资渠道。发挥财政资金引导作用，撬动通信运营商等建设资金，逐步形成投资主体多元化、运行维护市场化的局面，出台农业信息化人才引进和技术培训相关政策，加快推进村级电商平台配套设施建设，多措并举推进全省"互联网+"农产品出村进城工程取得长足发展。

十五、青海省农业电子商务发展报告

（一）主要做法与成效

2022 年，青海省制定了《青海省实施"互联网+"农产品出村进城工程试点方案》，确定湟源县和兴海县为试点县。通过试点县建设，政策措施、市场力量和农牧民需求紧紧凝聚在一起，农产品出村进城之路越走越顺畅，农牧民就业增收渠道不断被拓宽，农产品供给质量和效率得到进一步提升。

1. 搭建产销平台，完善农产品销售网络体系

各试点县建设了县域农特产品展示展销中心，集中展示销售主要农特产品；建立辖区内农副产品销售专柜和扶贫产品销售专区，销售本乡镇的主要农特产品和扶贫产品。有效地促进了农副产品流通，带动扶贫产品销售。开展蔬菜种植基地收购协议，搭建起了农产品从田间到餐桌的绿色通道。

2. 开展品牌助农行动，推动农产品商品化

2022 年 4 月，联合蚂蚁集团开展了"百县百品"青海助农专场活动，推选 44 家省内知名企业和合作社开展网络直播，青海农产品品牌浏览量达到1.23 亿次，助农专场总成交 13 万件，成交额 294 万元。

3. 仓储保鲜冷链能力提升

通过农产品产地冷藏保鲜设施建设项目实施，12 个县（区）以蔬菜、马铃薯产业为重点，以合作社和家庭农场为建设主体，建成 154 个农产品产地冷藏保鲜设施，其中，马铃薯通风贮藏库 82 个，蔬菜机械冷库 72 个。全省新增马铃薯储藏窖库容 2.5 万吨，蔬菜机械冷库库容 2.2 万吨，产地应季蔬菜存储期限延长 3 个月左右，水果存储期限延长 4 个月左右，马铃薯可常年存储，产地仓储能力大幅提升，冷链物流体系更加完善，有效减少了产后损失和流通损耗，增强了农户抵御市场风险的能力，通过错峰上市和扩大销售范围，提高了该省产地农产品议价能力和产业效益。水果、鲜菜、马铃薯产地低温处理率达20% 左右，农产品损失率降低 10%。

4. 农牧区物流配送网络逐步健全

一是邮政农牧区网络全省 45 个县、399 个乡镇实现全覆盖。二是全省快递进村发展迅猛。青海省 41 个县已完成县乡村三级物流实施方案编制工作，"统仓""共配"主体遴选、县域快递物流末端资源整合、乡村物流站点资源整合加快推进，部分县级物流分拨配送中心开始试运营，自动分拣机等设备采购工作陆续开始，部分县 2022 年县域快递物流末端资源整合率达到 80%、"多站合一"比例接近 50%。形成覆盖农产品生产、加工、运输、储存、销售等环节的全程冷链快递物流体系。

5. 鼓励和支持农牧业企业开展电子商务活动

重点扶持农牧业知名品牌企业通过新媒体（今日头条、抖音、快手等）开展企业品牌创建、宣传推介、营销策划等，持续提高该省特色优质农产品销售量。农牧业电子商务的快速发展，对于培育新型农牧业经营主体、推进农村牧区流通体系创新、促进农牧业发展方式转变、带动农牧民创业就业、增加农牧民收入、促进农村牧区消费转型升级起到了十分积极的作用。电子商务进农村工作实现 41 个县域全覆盖，县乡村三级物流体系不断完善。

（1）产业聚集效应逐步显现。以牦牛、藏羊、青稞、油菜、藜麦产业集群发展为契机，通过政府项目带动和支持社会力量积极参与，共同促进电商发展。新建一站式大型西部农副产品采销平台。平台以青海农林牧商品交易中心为基地，利用交易大数据云计算、区块链、5G 物联网及 AI 鉴真防伪等技术，助力"青货"出青海。新建成青海拉面产业数字化平台，为青海拉面产业链上中下游企业打造专属电子商务服务。2022 年年底，192 家企业（门店）进驻平台，1 350 家门店数据接入平台，注册用户量达到 1.05 万人，上架商品135 款，全面提高了平台的综合实力和产值贡献率。启动建设青稞藜麦总部经济基地，依托"西部优选"平台、"西部农夫"品牌以及新立讯 AI 鉴真溯源技术保障，建立"互联网+青海特色产品""数据要素、大宗交易、电商运营、直播带货"等运行模式，推动青稞藜麦产业集群发展。打造青绣经济总部，形成以孵化园为核心，辐射小微企业、农村农户的产业网络格局，入驻青绣企业 140 家、青绣传承人 301 人，实现年销售收入近 2 亿元。这些电商产业聚集区，在推动本地农特产品网上销售、促进区域经济发展方面发挥了重要的作用。

（2）农产品电子商务平台发展形成气候。省内已建立的农村电子商务服务站点覆盖了西宁、海东等 8 个市（州）的多数县域。2022 年，青海特色农畜产品电商平台"牛咖部落"，采用 O2O+C2B 混合模式，通过认种、认养、众筹等新兴消费方式，与省内 20 余家帮扶企业对接，进行线上销售；引导入驻的 60 家企业免费上架至"牛咖部落"网络商城、淘宝"牛咖部落"店铺；组织中小微涉农企业、合作社等在抖音和快手平台进行直播带货 10 场次，点赞量 5.8 万个。

（3）线上销售快速增长。借助中国国际农产品交易会、中国·青海绿色发展投资贸易洽谈会等各类产销对接活动，搭建云上展馆、云观摩、直播带货等线上交易渠道，扩大农产品网络销售规模。在西宁启动首届电商扶农助企促品牌活动，数十家本土特色产品企业、专业合作社、手工作坊与约 1 000 家电商企业现场对接，打造优质农畜产品"出青"新通道。2022 年，青海省农产品网络零售额达到 10.4 亿元，同比增长 74.2%。

（4）农牧业标准化生产取得进展。截至 2022 年年底，全省农畜产品累计有效注册商标 3 000 余件，其中中国驰名商标 26 件，青海省著名商标 55 件。累计认证"三品一标"1 015 个，全国绿色食品原料标准化生产基地面积达到 104.2 万亩，绿色有机草场认证面积突破 1 亿亩。立项行业标准 5 项，制定牦牛、青稞、渔业地方标准 3 项，推广采用重点标准 57 项。

（二）存在问题

一是农产品流通基础设施不完善，乡村物流配送体系不健全。二是农村电子商务在建设效率和质量上无法满足日益增长的农村经济发展需求。三是冷链物流硬件运输设备和基础设施落后且分布不均，冷链技术水平不高。四是农畜产品生产标准化程度低，导致不能优质优价。目前，青海省拥有食品生产许可证（SC）的农畜产品生产企业数量有限，而作为农畜产品主要产地的乡镇、农村则十分缺乏相关质量管理规范。标准化生产、检验检测、质量认证等功能的缺失，限制了多数优质农畜产品走入线上。五是电商领域专业人才匮乏，导致多种经营模式无法开展。电子商务人才的匮乏是该省电子商务发展面临的主要问题，电子商务的建立、运营、维护、推广、管理等方面都缺乏专业人才，现有从业人员无论从数量上还是质量上，都无法满足农畜产品生产企业开展电子商务经营活动的需要。

(三) 下一步工作计划

1. 加强品牌建设和培育

重点围绕各地主导产业和区域特色产业发展需要, 统筹地区农畜产品品牌培育和建设工作, 开展区域公用品牌、企业品牌和农畜产品品牌创建和培育, 为农畜产品拓展线上渠道奠定良好的品牌基础。

2. 提升农畜产品标准化生产管理

以各地优势主导产业为重点, 引进相关服务单位和机构, 推动当地农畜产品标准化生产, 实行全过程标准化管理。推进农畜产品生产基地、生产企业标准化建设。推进"两品一标"(绿色食品、有机产品及农产品地理标志) 认证登记, 全面提升农畜产品生产管理水平, 强化特色农畜产品可电商化程度, 推动农畜产品质量可追溯体系覆盖面, 建立二维码识别系统, 为农畜产品拓展线上渠道奠定良好的产品质量基础。

3. 整合各类社会优势资源

加强电子商务市场主体培育工作, 有针对性地开展农村牧区电子商务企业孵化、培育及农村网店建设工作, 鼓励电子商务服务企业、物流企业向农村延伸业务。充分发挥中国电信青海分公司、中国邮政青海分公司等省内国企, 以及国内知名电商企业发展农牧区电子商务主力军的作用。支持龙头企业建立智慧物流系统, 有效整合物流快递资源, 降低物流配送成本, 提高农村牧区配送效率。鼓励支持农村牧区电子商务服务站点开展全网布局, 多渠道、全方位地推动农特产品进城。进一步加强电子商务试点示范工作, 重点培育一批农村电子商务试点、示范企业, 拓宽省内特色农畜产品线上销售渠道, 提升农畜产品综合市场竞争能力。

4. 优化物流配送支撑体系

进一步优化农村牧区物流配送体系, 在项目设计中优先统筹物流节点城市布局、道路、交通、仓储等基础设施, 推动电子商务与物流协同发展。积极引导电子商务企业和物流企业向农牧区延伸业务, 形成省、市 (州)、县、乡、村五级物流配送体系, 畅通"农畜产品进城"和"工业品下乡"双向流通渠道。

5. 强化电商人才培育体系

通过各种资源的培训，在农牧区尽快普及电商知识。积极推动涉农电商示范基地、示范园区、企业与省内职校、高校、科研院所的合作，培养复合型人才。鼓励和支持电子商务专业人才进入农村地区开展创业培训。鼓励大学生村官掌握电子商务技能，带领农牧民通过电子商务实现产业致富。

第三章

"互联网+"农产品出村进城

一、北京市平谷区——挖掘互联网潜力　内外联动发展"互联网+大桃"产业

北京市平谷区大华山镇，在国家"三农"政策的指导下，在区委、区政府的重视和领导下，大华山镇党委、政府高度重视电商发展，充分挖掘互联网潜力，内外联动聚焦"互联网+大桃"发展，近年来电商销售额稳步增长，同时在电商营运过程中，积极探索创新，扩宽渠道，是平谷区的电商销售优秀乡镇。首先，通过配套政策的实施，孵化当地电商企业，带动当地青年返乡创业；其次，加强线上线下品牌建设，打造镇域媒体宣传矩阵；最后，提升镇域电商公共服务水平，升级镇域快递物流配送体系，促进农户创收。

（一）发展情况

北京市平谷区大华山镇，镇域面积 97.76 千米^2，20 个行政村，总人口 1.9 万人。大华山镇桃文化历史悠久，种植规模宏大，1997 年被北京市政府命名为"京郊大桃第一镇"，2002 年被授予"大桃专业镇"称号。多年来，在镇党委带领下，不断强化基层党组织的政治功能和服务功能，将党组织建在产业上，把党员聚在产业里，让农民富在产业中，为村民寻出路、拓市场、打品牌，如今在大华山镇，数据已逐渐成为新农资、直播成为新农活、主播成为新农民，镇域电商经济发展氛围浓厚、增长势头迅猛、社会经济效益显著。全镇网络零售额从 2018 年的 2.8 亿元增长到 2021 年 4 亿元，增长 42.8%，2022 年 1—8 月，全镇实现网络零售额 3.2 亿元。

（二）主要做法

1. 政策引领打造电商发展引擎

（1）配套政策系统集成。新冠疫情期间为收购商提供免费核酸检测、运输"五个一"政策、"零接触"转运服务、中转站"七免费"服务等一系列配

套政策，最大限度帮助外埠客商。积极响应区委、区政府号召，在贯彻落实区级政策的同时，也为本村合作社、外埠客商提供了特色服务。针对销售量较大的合作社、外埠客商，提供免费食宿，让这些外埠客商、合作社在服务果农的同时感受到家的温暖。为更好地服务广大果农，为电商企业和物流企业提供场地，购置叉车、冷库等物流标准化设备，设立物流分拣中心、物流揽收点，解决大桃中转过程中出现的问题，进一步开拓鲜桃电商销售渠道。

（2）孵化培育机制健全。积极开展区镇、政企多层联动，创新了"优秀电商"评比机制，建设电商产业孵化中心+大桃产业基地，做到产业链配套；前有政府的指引和考核奖励，后有市场化运营，实现奖励配套；前有专业人才培训，后有操作实训，实现人才配套。

（3）青年返乡效益明显。吸引 1 000 多人返乡从事电商创业，先后涌现了全国致富带头人常富东、张海龙、隗合亮等先进典型。培育电商 2 850 余家，带动就业 3 000 余人。有效解决了农村空巢老人、妇女创业、儿童教育等社会问题。

2. 数字赋能打造特色主导产业

（1）以桃引领亮点纷呈。大华山镇深入推进数字赋能桃产业，打造乡村振兴"金名片"，立足镇域发展实际，狠抓桃产业电商化工程，培育大桃网店 28 家，带动就业 150 余人，形成良好发展态势。2021 年，全镇大桃网络零售额 4 亿元，同比增长 30%。2022 年 1—8 月全镇在第三方电商平台的鲜桃线上订单量达 100 多万单，网络零售额 3.2 亿元。

（2）数字赋能电商兴农。大华山镇积极探索电商赋能桃业推动共同富裕新模式。2021 年以桃为主导产品的农产品网络零售额达 5.2 亿元，同比增长 50%，增速位居全区第一。2022 年 1—8 月销售额达 3.8 亿元，在夏秋桃季期间，间接推动桃木、桃罐头等农副产品销售价格增长了 3 倍。

（3）转型升级数字指引。数字化转型的目标是重新定义业务，而不仅仅是信息化过程中销售从线下到线上转移；实施数字化的目的不仅是降本增效，而且还要借助自动化和智能化，根据环境和基础设施的变化，重新定义企业业务。数字化转型升级如何能够与大桃产业相结合呢？抓住"好吃就要看得见""好桃卖好价"的核心观念，大华山镇大桃联盟再次推出新观念——精益求精。每粒桃子因为日照程度不同，糖分含量不一样，调研小组通过阅读相关文献、实地考察后，以合作社的名义购入一台无损测糖分拣机。分拣机在给桃子称重的同时，利用光谱分析技术，瞬间测出桃子甜度，还能采用高清快速拍照和分辨技术，查看桃子外形是否圆润，表皮有无黑斑、压痕、裂缝，将桃子分为"三六九等"。当检测了足够多的桃子后，会形成一个庞大的数据库，技术员利用数字化分析技术，深入解读大桃的种植技术、果品消费行为等，将桃子精准分级分类销售，有利于提升平谷大桃的品质和品牌传播力，促进农户增收。

（4）直播助力，弯道超车。组织开展"'生态中国'鲜桃季甜蜜之旅公益直播"等多场大桃直播销售活动，累计在线观看人数达1 500余万人，抖音、快手、邮乐直播视频播放量上亿次，带动农产品销售2 000余万元。目前，全镇累计培育直播电商150余家，在大华山镇每日有近200人直播带货，日均销售大桃3万余斤，销售额200余万元。直播带货成为大华山电商发展新动能。

3. 平台集聚打造创业创新洼地

（1）三产融合，优化结构。2017年，北京桃娃农业科技公司，以平谷大桃切入市场，专注桃产业链开发，开发精品鲜桃、桃干、桃罐头、桃木文创制品，将农业生产与二三产业融合发展，大幅提升了桃产业的附加值和桃农的经济收益。通过一系列的惠民措施，桃娃科技公司对接前北宫村委会，通过"互联网+大桃"模式累计帮助前北宫村桃农销售500多万斤大桃，在降低桃农种植风险的同时，还为农民带来了实际增收。通过认购模式和开展桃深加工产品回购，在新疆、湖南、内蒙古、河北开展精准扶贫项目，免费提供技术服务帮助解决农产品销售问题，2018年帮扶各地销售农产400余万元，助力脱贫攻坚。

（2）量身定制，果品分级。制定符合区域实际情况的营销模式和实施方案，即利用电商增收，通过商超保底，确保批发商托底。指导村民将一等鲜桃利用互联网高价销售，以礼盒形式售出，倡导农民利用网络售桃，为全镇桃农提供电商培训，以"授人以渔"的理念助农增收；二等鲜桃由合作社组织统一售往各大商超平价销售，在价格合理的情况下确保销售数量，常年合作伙伴包括中国邮政、百果园、沃尔玛超市、永辉超市、华联超市、家乐福超市、佳沃鑫农贸公司、沈阳批发市场等多家平台；三等鲜桃则以低价销往批发商及罐头厂等企业，托底保本定价，不辜负桃农的辛苦耕耘。

（3）产业集聚，效益显著。大华山镇以大桃为核心主产区，同时打造农业科技创新发展示范镇、乡村振兴共同体、高品质休闲乡村综合体，坚定不移打造"乡村休闲向往之地"。构筑共建共享的发展氛围，筹建了"淘桃商城"、示范直销基地、"网红"共享直播厅、电商服务中心等平台，累计集聚外部优质电商近180余家，形成了旅游电商、直播经济、大桃电商三位一体的镇域电商发展格局。

（4）活水开源，着眼未来。大华山镇在推动社会资本参与电商集聚建设的过程中，积极引导电商运营企业增强自身造血功能，通过为入驻企业提供原材料集采服务、金融服务、个性化运营服务等，既为运营企业创造了经济效益，也有效破解了电子商务集聚单纯依靠政府输血才能生存的问题，全镇电子商务集聚区生机盎然，发展势头迅猛。

4. 品牌建设打造宣传推广矩阵

（1）加强公共品牌建设。一是加强标准生产，品牌销售。对远近闻名的"平谷大桃"进行标准化生产，品牌化管理。在大桃的产前、产中、产后全过程，通过制定标准和实施标准，利用村内微信销售群指导桃农生产，促进先进的农业科技成果和经验在线上线下迅速推广，拒绝使用膨大剂、着色剂、催熟剂等，严格监管，确保农产品的质量和安全，从而取得经济、社会和生态的最佳效益，达到提高农业竞争力的目的。在销售方面进行统一包装，通过村级合作社定制统一的包装盒，统一售卖规格，要求每盒装有12粒鲜桃，果型正，颜色好，单果重量250克以上（以水蜜桃为例），此举对于大华山镇大桃的品牌树立和口碑形成打下良好基础。二是拓宽渠道，多方对接。与社区对接，以"平谷大桃直通车"社区销售模式为立足点，开展"华山大桃进社区"活动。现已分别对接首开集团下属物业第一、第二分公司以及首华物业37家社区物业点，合作社和果农已陆续进场开展销售。首华物业利用老房管平台进行促销，3天共计销售蟠桃和油桃礼盒1 600多盒。通过到达商城电商平台，单日促销蟠桃礼盒935盒，油桃礼盒1 128盒，共计2 063盒。与企业对接，通过为企业提供订单式服务的对接模式，已对接中石化400家加油站，开展"华山大桃进石化"活动，预计每年在北京销售30～35吨精品华山大桃。与商超对接，由村级组织、村合作社与沃尔玛、华润超市、永辉、华联等商超进行对接，开展"华山大桃进商超"活动。仙鲜果局合作社与北京超市对接，从2022年7月10日开始供应大桃，销售期50天，销售量750吨；飞龙在田合作社通过"菜篮子"工程136家门店销售华山大桃，每日供给10～15吨，全年总销量约750吨。

（2）加强线上品牌建设。通过"大华山镇'互联网+大桃'启动仪式"系列推广活动，面向全网推介以"平谷大桃"为代表的大华山镇特色农产品，持续推动品牌建设，为镇域电子商务赋能。2022年6月，大华山镇与京东平台携手共建京东大华山旗舰店；2022年8月，与中国邮政联手开展"工邮携手，百局联播"大桃销售活动；为进一步推进大桃平台建设，世华教育集团董事长姜岚昕在大华山镇直播厅开展"政协委员齐助力，大桃销售乡村行"活动，累计交易额180余万元。

（3）打造镇域媒体宣传矩阵。在全网推介"醉美大华山"活动期间，吸引了央视频移动网、哔哩哔哩、网易新闻、新华社现场云、新浪新闻、农视网、农视NTV、抖音、快手、视频号、百度、爱奇艺等20家网络媒体和新闻客户端对"醉美大华山"和大桃进行传播推广，累计PV值（页面浏览量）上亿次。在微信、抖音、快手3个App发布专题报道进行宣传推广，累计曝光量达数万次。

5. 基础建设打造电商服务体系

（1）着力提升镇域电商公共服务水平。大华山镇以建设国家电子商务进农村综合示范县为契机，2017年8月18日大华山镇在平谷区商务局的大力支持下，成立了平谷区首家"互联网+大桃"培训学校，深入推进电商服务进村入户，打造镇域电商经济一站式O2O服务模式，有力地促进了电商创业、农产品上行和工业品下行。截至2022年，电商培训600余场，累计培训电商初级、中级、高级人才5 000余人次，举办"互联网+大桃"销售、"诚信之星"评选、"诚信村"评选等主题活动30余场，帮助2 000余名农户直播带货。

（2）迭代升级镇域快递物流配送体系。大华山镇深入推进城乡电商快递物流配送体系建设，联合顺丰、京东以及中国邮政三大快递巨头公司，同时，建立1个镇域电商快递物流分拨中心、42个农村电商快递物流服务点，实现电商快递物流体系行政村全覆盖。为鲜桃销售提供物流保障，把果品的包装、储藏、配送、装卸、信息等环节进行一体化整合，使产品安全、便捷、高效地从生产环节进入消费环节，形成完整的供应链，更好地为客户提供多功能、一体化的综合性服务，一头连接生产地，一头连接消费者，为及时将鲜桃送出产地提供了便捷、高效的服务。

二、辽宁省大石桥市——创新"党建+电商"发展模式 全力助推乡村振兴

为了顺应"互联网+"的新形势，贯彻落实党和政府"大众创业、万众创新"的新要求，积极拓展农产品电商工作的新领域、新渠道，大石桥市农业农村局大力实施"电商强市"战略，依托大石桥市创业孵化基地设立了大石桥市农产品电商孵化基地，并向大石桥市委组织部申请建立了党支部。建立"党建+电商人才""支部建在平台上"的创新工作模式，重点打造大石桥市农产品电商孵化基地，着力培养电商人才和农产品电商体系，全力助推乡村振兴。

通过努力工作，有效推动了本地电商人才队伍的扩大以及农产品电商的迅速发展，进而为全市经济社会发展作出了积极的贡献，为创新组织、人才工作进行了有益的探索，并形成了独具特色的农产品电商创新模式。

（一）发展情况

大石桥市农产品电商孵化基地建筑总面积达 11 000 米²，总投资 2 000 余万元，内设青创部办公室、中共大石桥市创业孵化基地支部委员会和大石桥市慈善总会创业孵化基地分会，同时，营口市科学技术协会批准其成立营口市专家工作站，大石桥市总工会批准其成立大石桥市创业孵化基地联合工会。此外，大石桥市农产品电商孵化基地还与辽宁农业职业技术学院和大石桥中等职业技术专科学校合作设立了大学生创业孵化基地和大石桥市职业中等商务实训基地。2015 年成立以来，孵化基地陆续获得 4 个省级评定称号、10 个市级评定称号和 10 个县级评定称号，并在 2019 年被农业农村部授予"农村创业创新园区基地"和"农村创新创业孵化实训基地"称号。

基地的物流分拣中心有韵达、圆通、申通等多家快递公司入驻，通过物流企业、仓储中心的集约，形成了创业项目和电商共享的服务平台，更大程度地降低仓储物流成本，为各企业带来一定的竞争优势。通过"网红"在电商平

台带货，促进了农产品销售，不断激发经济发展新活力。截至 2022 年 8 月，大石桥市农产品电商孵化基地成功孵化企业百余家，预计带动投资 7 000 余万元，带动本地特色农副产品、深加工农特产品等销售约 5 亿元，带动就业约 1 100 人。

（二）主要做法

1. 党建引领电商人才培养，利用平台抓党建，依托党建促进人才发展

大石桥市农业农村局依托大石桥市委组织部积极发挥党管人才的政治优势和资源优势，把加强党建引领贯穿于孵化基地发展的全过程。在大石桥市农产品电商孵化基地建立党支部，将党建工作的先进思想与人才培训工作融会贯通，一手抓好人才培养、孵化创业与品牌建设，一手抓分类指导，项目推进与党支部活动一体开展，形成党建工作与人才培训齐头并进的良好局面，同时，积极发展优秀青年创业者、企业家入党，由他们牵头带动产业发展、就业、人才培养工作。

2. 建立博士工作站培养人才，助力城乡人才发展

在大石桥市农业农村局的大力支持下，大石桥市农产品电商孵化基地与科研院所建立了长期的人才培训、技术指导、成果转化等方面的合作关系，成功地在大石桥市农产品电商孵化基地建立了博士工作站，已有 4 位博士和 1 位工程师加入工作站。

3. 整合全产业链资源，提升综合服务的能力，成为政府与市场之间的"变压器""转化器"

大石桥市农业农村局牵头与各项工作主管部门、各个乡镇联动，为大石桥市农产品电商孵化基地挂牌，同时指派各单位相关工作人员对口服务，为电商人才、创业者及企业提供政策解读、项目申请等多方面、多维度的支持和帮助，同时，大石桥市农产品电商孵化基地通过市场化运营，实施民办公助的创新工作方法，成为市场与政府之间、城市与镇村之间的纽带，更好地发挥了孵化企业、培养人才、发展新兴产业的作用。

4. 搭建共享服务平台，为农产品电商人才创新创业提供服务

大石桥市农产品电商孵化基地在大石桥市农业农村局领导与支持下，通过打造农产品电商人才共享创业服务平台，整合资源，为更多的电商人才提供多种服务。例如，基地为创业者提供网络、水电、办公、仓储等基础条件，并在租金上实行优惠，能免则免，能减则减，降低创业门槛，减少创业风险；为创业者提供财税、法务、商务、金融、政策等方面的一站式服务，方便快捷，使电商人才及企业专心做好自己最擅长的工作。

5. 服务带动创业，创业带动产业，发展促进创新

通过对电商人才的持续培训和对电商平台的不断完善，为创业者提供了较好的创业条件，从而推动了全市电商产业的发展，带来了明显的经济和社会效益。

（1）服务带动了创业，创业带动了就业，以电商为主体的创业者如雨后春笋迅猛发展。

（2）创业带动了产业，通过不失时机地向农产品线上销售引流，全市线上年带货销售农产品总额达到1亿元以上，产品有水果、大米、食用菌等多个品种。

（3）发展促进了创新。电商发展使产销见面，市场倒逼生产和流通环节改革：线下向线上转变，以产定销向以销定产转变，追求数量向追求质量转变，经营初级产品向精深加工转变。生产者增收，消费者减负，中间商通过扩大规模和优化服务获利，从而形成良性循环。

6. 构建城乡一体化平台，发展为农服务，推进双线运行

为了贯彻落实党和政府"关于做好全面推进乡村振兴重点工作"的要求，构建城乡一体化平台，全力打造大石桥市数字农业经济模式，实现资源共享、优势互补、融合发展，共同推动以县域为中心、乡镇为重点、村为基础的商贸体系，打造实现"党建+平台"的城乡一体化创新模式，促进农民增收、人才培养、项目孵化，最终实现人才振兴、乡村振兴、产业振兴、共同富裕的发展目标，大石桥市农业农村局以党建引领、政府扶持、市场化运营的模式推动发展以下几方面工作。

（1）打造一个平台。坚持党建引领，全面开展镇村、小区基层综合服务站发展工作，打造大石桥市农产品电商孵化基地、大石桥市为农服务中心，聚焦农民群众农副产品卖不出、卖不好等"急难愁盼"问题，以建设数字农业、线上线下平台为载体，组织开发"民为先农贸大集"软件平台系统，建立网络平台式的城乡大集与农贸市场，推动农特产品走向全国，全面提高乡村振兴、电商人才返乡创业等工作服务水平，以渠道下沉和农产品上行为主线，推

动资源要素向农村市场倾斜，完善农产品现代流通体系，畅通工业品下行和农产品进城双向流通渠道，推动县域相关产业发展，实现农民增收与消费提质良性循环。

（2）发展"为农服务车"，解决"最后一公里"问题。大石桥市农业农村局在相关部门的支持下，由大石桥市农产品电商孵化基地、大石桥市为农服务中心负责运营，推动发展"为农服务车"，解决"最后一公里"问题，实现融合发展，建立以县域为中心、乡镇为重点、村为基础的商贸体系，目前已在大石桥市建一镇的 4 个村开展试点工作。通过发展村级服务站以及"为农服务车"推动农产品上行、工业品下乡、为农服务等相关工作。全面推进生产、供销、服务"三位一体"，打造全县为农服务"一张网"，有效促进为农服务资源下沉，助力特色农副产品进城的创新模式。

（3）推进双线运行。坚持以助力乡村振兴、方便群众为目标，持续推进"线下线上"双线运行，促进农业生产资料、生产生活用品抵村入户，农产品进城进社区。一是建立健全县乡村三级供销网络，减少中间物流环节，让更优惠的农用物资从厂家通过网络平台直接达村到户，让农民得实惠，为农村增收益。同时，基层综合服务社为打通农产品上行、工业品下乡渠道提供综合服务。二是在相关部门的支持下，由大石桥市农产品电商孵化基地、大石桥市为农服务中心牵头，建立农产品销售直播基地，帮助各个村开展农产品直播销售，通过互联网平台扩宽农产品销路。

7. 孵化乡镇创业项目，创新乡村振兴模式

为了助力乡村振兴，在大石桥市农业农村局的领导下，大石桥市农产品电商孵化基地在乡镇建立网点，目前已孵化乡镇创业项目 30 多个，涉及养殖、种植、农产品加工、文旅、餐饮、民宿等领域，最终实现产业振兴、人才振兴、文化振兴、组织振兴、生态振兴等乡村振兴的发展目标。

三、吉林省通化县——紧抓"互联网+"农产品出村进城工程 推进电商高质量发展

吉林省通化市通化县位于长白山南麓，依托长白山地区特有的资源禀赋、独特的气候条件、便捷的区位优势，坚持以绿色、特色农业发展作为"三农"工作主要战略目标，以实施"互联网+"农产品出村进城工程为契机，采取政府统筹、龙头企业带动、合作社提供农产品的方式，利用互联网、大数据等技术，搭建了农村电商发展平台，探索出一条适合高寒山区推广的农村电商发展模式。

（一）强化保障措施，助推电商发展

1. 统一领导明确责任

成立以县政府主要领导为组长的"互联网+"农产品出村进城工程试点工作推进工作领导小组，建立跨部门合作推进机制。明确职责分工，制定相应的工作实施方案，落实建设内容，推进"互联网+"农产品出村进城工程进度，进而推动电商快速发展。

2. 出台政策助力发展

先后制定出台了《通化县电子商务进农村综合示范工作方案》《通化县电子商务产业发展实施细则》《通化县加快促进电子商务发展若干政策》等相关扶持政策，全力推进电子商务在振兴通化县经济发展中的推动与引领作用，推动农业领域发展方式转变和结构调整。

3. 储备人才提升竞争力

实施电商人才振兴计划，结合商务局、人力资源和社会保障局、残疾人联合会等单位的农业人才培养项目资金加强电商人才培训和储备。通过专业培训、政策扶持，广泛吸纳县内外营销人才加入，培养一批职业电商营销人员，支持鼓励他们走向全国，开拓新的市场。

4. 多措并举提供资金支持

采取以奖代补的方式对促进电商发展中作出贡献的龙头企业、农民专业合作社、电商企业等给予奖励。建立项目库，推进项目整合、资金整合，建立财政投入引导、龙头企业和合作社主动投入、社会各方面积极参与的多元化资金投入机制，同时，对电商企业等在用地、信贷等方面给予优先扶持，在税收方面给予减免，对水、电、网络费用给予优惠保障。

（二）强化企业带动，建设基础设施

自 2020 年试点以来，吉林参威公司、西江米业、通化禾韵 3 家省级农业龙头企业作为"互联网+"农产品出村进城工程运营主体，以通化聚鑫双创产业园为电商人才培训和孵化基地，通过政府一系列政策支持，运营主体建设和人才培养取得可喜成绩，设立产品展示中心、企业孵化中心、业务咨询中心、创客空间等场所，为电商创业者提供免费服务。助推农产品出村进城工作迈上新台阶。

在通化快大人参现代农业产业园、国家级蓝莓特优区、通化西江有机水稻生产推广示范基地、聚鑫双创产业园等园区，开展农产品仓储冷链物流设施、网货标准化加工、农特产品电商直播平台、农产品质量管理可追溯系统、电商 App、电商培训等相关建设，新建冷链仓储设施 1 万多米^3，增加存储能力 5 000 吨，建设网货共享加工车间 7 000 多米^2，孵化微商企业 40 多家，为通化县电商快速发展打下坚实基础。

（三）强化合作引领，拓宽增收路径

通化县以实施"互联网+"农产品出村进城工程为抓手，围绕政府统筹，龙头企业、合作社参与的模式，以 3 家龙头企业为依托，以 20 余家合作社为载体，带动 3 000 余户农户参与到人参、蓝莓、水稻种植、加工、销售环节中，使农民成为整个农业产业链条的参与者、贡献者、共享者。同时，加快同产品、同产业专业合作社的联合，形成产业规模和产业优势，全面提高农业生产和农民的组织化程度，最终增加农民收入，实现农业的产业化、信息化。每年每户可增收 2.6 万元。

（四）强化人才支撑，注入发展活力

在聚鑫双创服务产业园和快大人参产业园设电商孵化基地，为创业者提供农产品网货标准化加工、包装、冷链仓储、直播间、办公间等电商服务，吸引了一大批大中专毕业生、返乡青年利用电商平台创业，大力开展农产品网络销售，积极推进农村"互联网+"新业态、新模式。近两年已完成线上线下电商知识普及培训 3 000 多人次，吸纳各类电商人才 300 多人，开设网店 100 多家，扶持小微电商企业创业 45 家，销售农特产品 4 000 多吨，销售额达 6 000 多万元。

（五）强化质量体系，提升产品品质

建立实施了主要农产品质量安全检测制度和农产品生产主体追溯管理制度，实现了对人参、蓝莓、蔬菜、禽蛋、肉类、鱼类等鲜活农产品质量的实时抽检。目前纳入省级农产品追溯管理监管系统，经营蔬菜、水果、玉米、人参的企业、合作社、家庭农场等生产主体有 40 多家。

为提高人参、水稻、蓝莓等农产品的产品质量，建立健全了农产品生产相关标准及技术规范，现已完成了《有机蓝莓标准化生产操作规程》《蓝莓有机肥替代化肥生产操作规程》《蓝莓种植户优质高产园标准化生产操作规程》《人参优质种植技术规范》《绿色水稻标准化操作生产规程》《有机水稻标准化操作生产规程》等相关标准及技术规范 10 余项。下一步，将组织相关企业以绿色优质为目标进一步完善通化县人参、水稻、蓝莓生产标准体系建设。

（六）强化网络建设，建立流通渠道

目前在快大人参产业园内已建设完成通化县快大人参商贸市场 1 个、仓储物流中心 1 个、电商孵化基地 1 个，总占地面积 18.87 万米^2，日交易额约为 500 万元。仓储物流中心，库房总占地 3.5 万米^2，建筑面积 1.3 万米^2，附属设备齐全，现已存储农产品约 3 000 吨，已初步形成了东北地区至全国各地的人参及中药材配送网络，带动人参、蓝莓、水稻等农特产品知名企业 10 余家先后创建加盟了"榛不同"特产商城、"悠果乐园"天猫旗舰店、"轩辕大叔""通化商盟"等农产品电商 App 网销平台,改变了传统的批发销售模式,如今,市场 600 多家经营商户家家都有网店,网络直播卖货随处可见,2021 年快大人参市场销售额达 62.3 亿元。

全县现有集线上线下于一体的综合信息服务网点共计 385 个,电商和信息服务覆盖全县所有行政村。依托商务部电子商务进农村综合示范项目,建设完成了 116 个农村电商服务网点,其中县级服务中心 1 个、乡镇服务中心 4 个、村级服务站 80 个、示范企业 5 个、特产上行示范店 26 个。建设完成了 155 个农村信息服务"益农信息社"站点建设,其中县级管理平台 1 个、乡镇中心社 2 个、村级社 152 个。县邮政部门在主要乡镇和村经销店建设完成"邮乐购"服务站点 114 个。快递、信息、金融等服务业下沉到所有行政村。

下一步,通化县将继续以"互联网+"农产品出村进城工程为依托,建立农村电商发展、运营、服务工作机制,为农村电商创造优良外部环境,激发农村电商在促进产销对接、带动农民增收致富等方面的功能作用,助力全县农业经济向效益型转变,为全县农业发展贡献力量。

四、浙江省长兴县——品牌引领产业升级电商赋能强村富民

浙江省湖州市长兴县以"互联网+"农产品出村进城工程试点县创建为契机，打好"政策引领、品牌护航、数字赋能、物流提振、服务增添、培训孵化"六套组合拳，建立"来源可查，去向可追，责任可究"产品质量可追溯体系，构建"功能衔接、上下贯通、集约高效"乡村冷链物流体系，组建"电商公共服务中心+电商服务站点+专业的运营团队"农村电商服务网络，打通农产品出村进城"最初一公里"，拓展农产品销售渠道；打响"长兴鲜"区域公用品牌，提升农产品溢价，实现农产品优质优价，带动农户增收。

（一）发展情况

近年来，国家大力支持农村电商产业发展，"数商兴农"深入推进，农村电商"新基建"不断完善，农村电商规模稳步提升。2022年中央一号文件提到鼓励拓展农业多种功能，重点发展农村电商、农产品加工等产业。商务部等22部门印发《"十四五"国内贸易发展规划》，提出扩大电子商务进农村覆盖面，提升农村产业电商化水平。浙江省发布《浙江省2021年电子商务进农村综合示范工作方案》，至2023年建成电商专业村2 000个。为深入贯彻落实中央和浙江省有关政策要求和精神，长兴县以电子商务进农村综合示范县和"互联网+"农产品出村进城工程试点县创建为契机，坚持线上与线下双向发力，组建专业化市场运营团队，建立"长兴鲜"交易平台，实施"电商换市"。同时，为健全品牌准入、监管和防伪机制，利用区块链技术，推出长兴鲜"一物一码"区块链协同应用场景，通过"浙农码"一码集成，建立全产业链闭环溯源管理，实现农产品优质优价，带动农户增收。2021年，长兴县实现网络零售额103.71亿元，同比增长18.6%，被评为全国电商百佳县、省电商创新发展试点县、省产业集群跨境电商试点县。

（二）主要做法

1. 顶层引领电商发展新生态

（1）坚持规划先行，引领电商发展。编制完成《长兴县建设"浙苏皖省际电子商务产业新高地"三年行动计划（2020—2022）》，提出聚焦"四大领域"、强化"四大服务"、实施"八大行动"，实现电子商务产业发展综合实力显著提升。

（2）健全工作机制，形成推动合力。成立了以分管县领导任组长，商务局、农业农村局、财政局等相关单位为成员的长兴县电子商务进农村综合示范工作领导小组，定期召开工作推进会，了解工作开展情况，分析存在差距，协调解决问题，形成了县分管领导亲自抓、一班人齐心抓的工作机制。

（3）加大扶持力度，增强发展后劲。陆续出台了《长兴县促进电子商务加快发展十二条政策意见》《长兴县农村电子商务发展政策实施细则》等补助政策，在主体培育、人才引育、示范创建等方面提供配套资金，农村电商发展资金较往年翻了一番。2020—2022 年，全县落实农村电商奖补政策 3 500 余万元，在湖州地区排在前列。

2. 品牌护航电商发展新平台

（1）注重品牌建设。面向社会公开征集的方式，确定了"长兴鲜"农产品区域公用品牌名称，并聘请专业机构针对"长兴鲜"品牌定位、发展理念、标识系统、传播推广等进行系统策划，"长兴鲜"成为湖州市唯一一个拥有 33 个品类的商标注册的区域公用品牌。以农产品区域公用品牌建设为引领，组建专业化市场运营团队，建立"长兴鲜"微信公众号和电商交易平台，打造"1+N"的农产品新型营销平台体系。

（2）严格准入门槛。产品符合行业或国家标准的企业，可持相关证照和最新的产品检测证书，申请成为"长兴鲜"平台供应商。资料初审通过，须签订入驻协议和质量承诺书，将产品样品按要求送至"长兴鲜"平台，初级农产品应提供该批次的检测报告。如被投诉，"长兴鲜"平台对产品先下架，然后迅速对接处理纠纷，排查问题出处。确有质量问题，则追回该批次已售产品，该产品暂停销售，重新进入审核培育梯队。如非质量问题，则继续上架。

（3）推行"母子品牌"。鼓励发展较好的农产品电商企业培育自有品牌，已成功培育了荡漾、随易茶叶、太湖一品等品牌，聚合优势、品控倒逼等功能明显，实现了"自我造血和自我循环"，整体进入转型期，由"以销带户"运营方式转向"以服促管"为主的孵化模式，形成了"长兴鲜+企业品牌""母子品牌"的发展模式。

3. 数字赋能电商发展新风向

（1）一码扫描溯来源。建立"长兴鲜"区块链产品数字身份管理模块，推行农产品"一物一码+区块链溯源+码上营销"数据共享应用，实行全产业链闭环溯源管理，破解质量安全追溯和维权等难题。平台集合企业、基地、农户、销售门店等基础信息，消费者可通过扫描二维码查看农产品生产基地至超市的整个链条，生产信息实现全程可视化，确保农产品来源正规、品质有保障。

（2）一键下单送上门。"长兴鲜"平台联合唔邻 App 配送平台，下单 1 小时内送货上门，方便消费者以最快速度买到本地优质新鲜农产品。目前城区内有 3 家线下"长兴鲜"实体门店，同步进行本地优质农产品实物展示。

（3）一图识别选产品。扫描长兴县区块链产品数字身份标识，消费者即可在网上商城挑选本地优质农产品。依靠大数据对顾客消费进行精准分析，针对不同的目标群体开发产品，满足多元化、个性化、高质量的市场需求。

（4）一机拓宽销路。创新农产品上行载体，全面应用"新农具"，依托农旅融合和互联网平台，组织"布同帆响"直播团、乡贤等力量进行线上线下并进的多渠道带货，拓宽销售渠道，帮助低收入农户增收。鼓励村民通过学习电商知识，转型成线上主播，进一步拓展了农产品销售渠道，助力增收致富。

4. 物流提振电商发展新活力

（1）夯实基础设施。支持新型农业经营主体、电子商务企业、物流企业发展产地预冷、冷冻运输、冷库仓储、定制配送等全冷链物流，为鲜活农产品从田间到餐桌提供便捷高效的物流服务。鼓励村集体开展冷链物流基础设施建设，租赁给企业进行运营，既壮大村集体经济，又减轻企业前期投入负担。

（2）优化配送体系。以"全面打通农村电商发展最后一公里"为要求，进一步加强县、乡、村三级物流节点基础设施网络建设。鼓励物流快递企业加强经营网点布局，加大农村物流服务设施和网络的共享衔接力度，鼓励多站合一、资源共享、服务同网，着力构建方便快捷低成本的同城配送网络体系。

（3）提高配送效率。引入数字化自动分拣流水线，提高智能化、信息化生产能力和水平。如长兴城配物联科技有限公司入库快件由 4 个卸车口进入，按照预定程序智能匹配分类传送至 430 个自动分拣口，进行自动识别、自动分拣、自动流转，每秒可以扫描 7 个件，每小时可分拣 2.5 万余件，准确率达到 99%以上，效率较人工提高约 4 倍，有效缓解"双十一"高峰期快件处理压力。

5. 服务增添电商发展新动能

（1）建设公共服务中心。打造长兴县农村电商公共服务中心，由专业的运营团队统一包装和运营，着重农产品上行，展示长兴县农村电商产业，展销长兴农产品，推动长兴农产品往优质优价方面发展。同时，注重农村电商公共服务中心开放共享，为农村电商发展提供农产品上行的品牌培育、检测追溯、营销推广、人才培训、摄影美工等全流程公共服务，完善农村电商"自生态"。

（2）提升改造服务站（点）。以"电子商务进万村"工程为载体，依托阿里、邮政等平台的力量，加快推进农村电商服务站点发展。邮政公司建成 286 个"邮乐购"服务站，农村商业银行建成 220 个"丰收驿站"服务站，得威科技公司打造了长兴得慧数字生活新服务平台，搭建电商服务站，提供线上购买和线下配送服务，助力农产品上行。

（3）打造电商专业村（镇）。按照"一乡一品"要求，重点围绕特种水产、优质茶叶、名优水果、现代畜牧、高效竹林、民宿、农家乐等长兴农业特色产业及乡村旅游等优势产业，打造一批电子商务专业村、电商镇和示范村。同时，建设电商产业基地，加强农村电商网商集聚，推进农村电商集约化、规模化发展。

6. 培训孵化电商发展新力量

（1）开展分层次培训，培育了一批农村电商人才。制定《长兴县农村电子商务人才培训方案》，紧贴长兴县农村电商实际和市场需求，针对性地设置培训教材和课程内容，开展分层次电商普及培训和专业培训，培育了一批兼具理论研究和实操能力的复合型专业人才。鼓励各类农村主体，依托第三方平台和社交平台开设各类店铺。

（2）创新电商营销模式，培育了一批农产品上行品牌。根据电商行业发展新趋势和农村电商新形势，充分发挥直播电商和社交电商对于农产品上行的优势，开展短视频、"网红"直播等各类新模式销售。"长兴鲜"农产品营销平台通过外部聘请和内部培训，建立了直播营销团队，培育了一批具有长兴本地特色的"网红"主播，已在抖音、淘宝、微信等平台开通了直播账号，积极拓展"长兴鲜"品牌农产品营销新模式。

（三）工作成效

1. 区域公用品牌价值凸显

截至2022年年底，"长兴鲜"区域公用品牌授权40家主体（其中年销售额超过100万元的"百万元店"共10家）、主体供货商189家（辐射1 230多户农户），签约县域55个品类注册商标，开发了"长兴鲜"商标产品13款，轮季上架产品395个，累计实现线上线下销售额5 000万元，累计带动面上销售额1.5亿元，产品溢价达到10%，品牌效应明显体现。

2. 数字实现农安水平跃升

"'长兴鲜'公用品牌+区块链农产品'一物一码'+浙农码+线上平台（直播）"实现了农产品从生产、加工、流通到销售全环节的信息采集和记录，形成了"来源可查，去向可追，责任可究"的农产品流通安全保驾护航的营销机制，打造了多中心、按劳分配、价值共享、利益公平分配的自治价值溯源体系。截至2022年年底，区块链可追溯产品29万个，浙农码赋码25个，用码量58万次。

3. 农村流通体系不断优化

2021年长兴县寄递业共发出包裹3 421万件，同比增长47.49%；产生业务收入25 800万元，同比增长18.89%；快递成本进一步下降，缩小与发达地区的差距。农产品配送体系不断健全，农产品进城的"最初一公里"和工业品下行的"最后一公里"不断完善，建立206个快递物流服务中心、11个乡镇级快递物流转运中心，配备日处理达30万件快递的全自动快递智能分拣设备，搭建电商公共仓储面积超6万米^2，全面形成县、镇、村三级物流快递网络覆盖。

4. 电商集聚效应日益显现

累计培育省级电商专业村66个，市级电商示范村55个，省级示范乡镇6个，市级示范乡镇8个。搭建各类电商园区（孵化园）11个，建有长兴星网电商园和长兴跨境电商产业园两大园区，截至2022年年底，已入驻各类电商相关企业共185家,园区交易额达5亿元,其中,涉农企业32家,交易额达5 000万元。长兴跨境电商产业园是湖州市唯一一家获评浙江省5A级电商产业基地的产业园。

5. 直播电商发展如火如荼

受新冠疫情影响,直播电商成为提振消费的重要载体,举办"消费红五月 长兴欢乐购——巨惠长兴优品云购汇暨百名主播促消费活动""长兴县直播电商培训会""长兴得慧数字生活服务平台正式上线"等各类直播活动1 500余场,仅"长兴鲜"平台开展直播带货等公益活动就达500余场(场均带货3万元以上),推动茶叶、大闸蟹、樱桃、蓝莓、杨梅、芦笋等农产品的线上销售,销售额超亿元。

6. 绘就共同富裕美好图景

通过帮扶、培训等多种方式,让普通农民变成了"新农人",其年收入也比以往至少翻了一番。如长兴河桥村村民积极转向线上线下"两条路"闯市场,有时一天直播下来,销售额可以达到两三千元,多的时候可以达到五六千元,该村也获得"浙江省电商专业村"的称号。长兴水口乡积极引入第三方"抖音浙江服务商",鼓励辖区农家乐通过短视频、直播带货等方式,改变传统经营模式,拓宽增收路子,7家农家乐被确定为首批电商直播孵化培育对象。此外,依托县农批市场、旅游景区等资源优势,联合对口帮扶地区成立电商联盟、培训电商人才、搭建销售平台、签订经贸合作协议,促进两地优势互补、共赢发展,设立农产品"十城百店"销售专区,并依托"政采云""掌心长兴"等线上平台开设对口地区农特产品扶贫馆。2021年,对对口帮扶地区四川省汶川县累计完成消费帮扶5 500余万元。

五、浙江省临安区——构建农产品电商产业集聚高地

浙江省杭州市临安区立足自身产业特色，充分发挥农产品电商先发优势，围绕山核桃、竹笋、天目小香薯等特色产业，坚持政府引导、市场主导，强化创新引领、数字赋能，推动传统电商销售向直播、抖音等新媒体销售转型；推进农产品电商与农旅、文旅等优势产业深度协同；加快农产品电商产业链、供应链、价值链整合提升，做大做强农产品电商，促进农产品出村进城和优质优价，有效带动村民实现家门口就业和村集体经济增收。

（一）发展情况

浙江省杭州市临安区农村电子商务起步较早，是全国农村电商的策源地，在全国拥有较高的知名度，自 2007 年开始已经有 15 年的发展历史。该地立足特色农产品方面的资源优势，形成了以山核桃、竹笋、天目小香薯等为特色的农产品电商销售的产业体系。尤其是作为全国最大的坚果炒货产业集聚地，临安区拥有 250 多家坚果类主导产业加工企业，山核桃加工量占全国的 80%，全区种植面积 57 万亩，山核桃全产业链产值约 50 亿元，碧根果、杏仁、鲍鱼果等 30 多个品种坚果销售市场覆盖全国 30 多个省（区、市）以及欧美、中东、东南亚等地区。

然而，在新冠疫情、市场调整等"叠加冲击"背景下，临安乡村电商发展面临着新的挑战。例如，随着电商模式由"淘系""微系"向"直播""视频"迭代，传统的"P 图晒宝"已渐行渐远，"内容电商"渐成主流；电商消费正由公域流量向私域流量迁移，由大众化向小众化渐变；缺少既懂互联网又懂农村的复合型人才，农户利用直播网上销售普遍缺少专业培训和指导；物流、预冷、贮藏、冷链、分级分选等环节农村电商基础设施还不够完善。这些也是全国农村电商发展所面临的普遍性问题。

为此，临安区顺应电商发展的新形势，抢抓数字化改革机遇，积极创新网销模式，发展壮大电商产业，不断优化消费流通体系，促进电商迭代升级，助

推共同富裕，成效明显，具有较强的借鉴和启示意义。

(二) 主要做法

1. 加强政府引导，加快产业集聚

（1）出政策。建立区级层面的电商工作领导小组，统筹推进农村电商、旅游电商、跨境电商、工业电商的发展，出台"1+3"产业扶持政策，"1"即产业引导基金，"3"即一二三产融合发展产业扶持政策，出台人才新政 20 条，将电商产业纳入专项考核，并在综合考核和招商引资单项考核中增加对电商项目企业培育和引进的考核权重，全力助推电商产业发展壮大。

（2）建园区。构建"2 镇+1 园+多区"电商产业布局，即建设昌化白牛电商小镇和龙岗坚果乐园小镇，发挥中国（杭州）跨境电子商务综合试验区临安园区效应，推动镇街建设线上线下结合的新型电商直播园区。其中，白牛电商小镇以打造农村电商升级乡村振兴样板为目标，集创业、孵化、农旅为一体，共投资 58 亿元，推进溯源基地、品控中心、分装中心、直播基地、产业园、美丽村落等项目。

（3）强联动。通过市场化运作，不断完善区、镇、村三级电商公共服务配套体系，建设以村淘、赶街、村邮乐购等为运营主体的农村电商服务站点工程逾 400 个，实现全区 270 个行政村全覆盖，每年向农村商贸流通领域投入 1 500 万元，现有本地各类货运服务企业 50 家，外来物流企业分支机构 8 家，快递类运营企业 26 家，日均快递量达到 30 万件，实现从"田间地头"信息采集、农产品线上销售、"最初一公里"物流收件，到"城市餐桌"配送的无障碍输送，推动全区电商更好地参与市场活动。

2. 强化市场主导，提升竞争能力

（1）做强做大电商主体。积极开展城乡村企联动，与高校、电商服务机构合作实施"电商伙伴计划"，引导电商企业与头部主播合作，引入白牛电商培训学校、淘宝直播村播学院等 5 家电商直播机构，配备专业运营团队管理，开展吸引商家入驻、主播招募与培训、活动策划与执行、供应链平台运营等工作，提升产品知名度，扩大销售渠道，培育电商人才，2021 年以来已组织培训活动 1 000 余场，培训 3 万人次，带动就业 1.5 万余人，超过 150 个主播具备独立的直播带货能力，行政村农村电商覆盖率达90%以上，全区拥有农村淘宝网店 3 000 余家，农产品电商销售业态呈现出蓬勃生机。

（2）注重品牌标准建设。以"品牌推介、资源对接、产业融合"为目标，依托山核桃亮牌三年行动计划、竹产业振兴三年行动计划等载体，打造了"天目山宝"农产品公用品牌，推进主导产业标准化建设，进行溯源基地和品控中心建设以强化质量监控，鼓励企业参评"品字标""浙江省名特优作坊"等称号，为电商健康持续高品质发展提供良好的品牌支持，如引导电商企业与区农业农村局、区供销合作总社、区经济和信息化局共同打造京东官方旗舰店，明确临安农合联资产经营有限公司为注册主体和运营商，通过提高准入门槛优化旗舰店产品品质。

（3）做好电商金融服务。通过对规模生产经营主体进行数字监管生成动态信用评价分，创新"强村贷""天目云贷"等金融产品，加大农信融资担保支持力度，实行"三步走"工作法，通过及时摸清底数、落实集中辅导、实现精准对接，多举措深化金融服务，已累计授信超 4 亿元，实际发放贷款 2 亿元以上。

3. 坚持创新引领，推进数字赋能

（1）夯实电商发展数字基础设施。结合数字乡村全国试点，大力实施"互联网+"农产品出村进城工程，全面整合涉农资金超 5 亿元，投入实施数字乡村领域涉农信息化项目 66 个，同时积极引导社会资本参与，共吸引社会资本投入 5 000 万元以上，全面加强和完善软硬件等数字新基础设施建设，5G网络、视频监控实现全覆盖，为电商做大做强提供有力的数字支撑。

（2）创新电商数字场景应用。聚焦绿色生产、市场信息对称、食品安全监管等重大需求，开发"山核桃产业大脑"等数字平台，形成原料交易、消费者画像、品牌管理等应用场景，让电商、客户、企业等主体更好地享受数字技术带来的红利。例如，实现生产加工各环节数据的全程可视化和可追溯，推进"三品一标"认证，2021 年全区共培育有机、绿色食品认证企业 115 家、产品 145 个，全年山核桃检测合格率达 99%以上，为山核桃"出村进城"提供稳定的高质量原料保障。

（3）推动电商与优势产业融合。以美丽经济协同、电商物流协同和对口协作融合为主要内容，通过电商推动农旅、文旅、商旅、工旅、新媒体等产业的融合协同发展，推动城乡市场资源集聚，逐步形成临安全域营销体系和美丽乡村公共数据服务平台等标准化、特色化项目，如云上白牛村落景区以电商产业为中心,以古村新产业为特色,积极推进"电商+旅游"发展模式,每月游客量近 4 000 人,实现乡村旅游与电商的"双赢"。

(三) 工作成效

1. 推动了临安经济水平的发展

立足地方产业优势,临安区不断推进电商迭代升级,电商产业规模做大做强,推动一产做大、一二三产融合,地方经济水平进一步提升。数据显示,2021 年,全区实现网络零售额 98.5 亿元,同比增长 4.9%。2022 年第一季度实现网络零售额 22.25 亿元,同比增长 22.5%。尤其是在新冠疫情影响的背景下,临安电商通过直播、"网上年货节""双品购物节"等形式,实现经济稳中有进,2021 年"双十一"农产品销售额超 1 亿元,2022 年平均每场参与企业超 20 家,"网上年货节"平均网销额较 2021 年同期增长超过 50%。

2. 提升了临安的知名度和美誉度

临安电商产业的做大做强,不仅输出了高品质的农产品,更向外输出了美好的生态、文化和技术,提升了临安在省内外的影响力。临安也先后获得浙江省"电商换市"优秀样本、中国电子商务百佳县、农产品电商 50 强县等诸多荣誉,进一步奠定了电商发展"临安模式"在全国的地位和影响力,人民日报、浙江新闻联播等媒体都对临安电商的发展进行了宣传报道,并获得上级领导的认可。这些工作促进了临安电商品牌影响力的提升和省内外市场的扩大,如电商小镇白牛村每年吸引来自全国各地的近 5 万余人参观考察。

3. 提高了人民的收获感和幸福感

临安电子商务的兴起,不仅扩大了临安名优农产品的销售半径,有效解决农产品从农村到城市的上行问题和消费从城市到农村的下行问题,还拓宽了农村劳动力就业,形成了一条完整的包括包装、设计、快递等行业的电商发展产业链,构建起以工促农、以城带乡、工农互惠、城乡一体的新型工农城乡关系,形成了"市场倒逼、政府推动、大众创业"的临安模式。广大的市民群体通过电商享受到高品质的农产品,广大的农民借此实现增收致富,如临安区太湖源镇在 2021 年成功培育农产品主播 20 余人,实现了竹笋、香榧、小香薯、年糕等本地农产品直播年销售额超 1 000 万元。同时,在电商发展的机遇中,乡村产业发展,农民群体收入增加,城乡居民收入比缩小至 1.65 : 1。

4. 探索了助推共同富裕的路径

从地方特色产业出发，依托互联网技术和数字化改革，临安打造了一把坚持走"既要绿水青山，也要金山银山"的生态发展"金钥匙"，为乡村走向共同富裕探索了一条可行的路径。例如，通过电商直播等形式，昌化镇白牛村2021年村集体经济收入为217万元，全村实现电商销售4.7亿元。电商"临安模式"先后打造出了农业品牌创新的"百色模式"、大众创业的"紫云模式"、电商精准扶贫的"三都模式"等县域电商模式，先后服务了60多个县域，累计培养农村创业带头人1万余人，培育了百色杞果、融安金橘等100多个特色产业，创新探索"运作市场化+运营实体化+营销精准化"电商协作模式，以电商扶贫带动对口区域产业转型升级，提升"云上施秉"区域特色产品的品牌化、标准化建设水平，新增农产品年销售超3 000万元，直接带动2 000户建档立卡户脱贫，间接带动超过20 000户农户创新创业。

六、江苏省海头镇——把握 "直播+电商" 新机遇 打造全国海鲜电商第一镇

江苏省连云港市赣榆区海头镇依托本地海鲜特色产业,通过政策引导和项目引领,打造了融合培训、孵化、仓储、展示、销售的县域电商产业园;持续优化冷链物流体系,与顺丰合作建设集海产品捕捞、加工、包装、仓储、冷链运输为一体的海鲜处理中心。海头镇以直播电商为 "支点",撬动当地经济转型发展,构建了一条完整的海鲜电商产业链,市场影响力和市场份额不断扩大,走上了产业高质量发展道路。

(一)发展情况

随着电子商务的深入发展,海头镇渔民放下捕鱼网,走入互联网,通过快手、抖音、淘宝等短视频和电商平台率先实现了 "互联兴镇" 的 "小目标"。从 2016 年起,海头镇电商在短短 4 年内已形成产业集聚的规模效应,2019 年,电商直播卖货成为海头镇主流产业之一,本土 "网红" 已超 3 000 名,平均每 40 个常住人口中就有 1 名直播 "网红","粉丝" 超过 100 万名的 "网红" 达 24 名,年销售额突破 1 000 万元的电商户达 35 户。全镇日均发货量超 15 万件,带动相关就业 1 万多人,年销售额 50 亿元。全镇海产品加工企业达 47 家,冷库 35 个,库容约 2 万吨。

2020 年以来,突如其来的新冠疫情给中国经济社会发展带来前所未有的冲击,但也带来了新机遇,带动更多消费者接受并习惯直播购物,推动了直播电商的快速发展。新冠疫情期间,为了保障直播电商的平稳发展,海头镇主动作为,发挥电商协会的作用,通过 "线上线下" 审核、"一证一点" 相结合的方式,在保证防疫安全的前提下加速电商企业复工复产。目前海头镇 6 000 名主播中,每名主播平均能够带动 1 名客服、2 名包装人员、1 名物流人员、1/2 名食品加工人员就业。农村妇女可以实现家门口就业,并由最初时薪 8 元提高至时薪 25 元;外出务工的青年劳动力,因为疫情滞留在家乡时,从直播电商

中看到了更多就业机会，可实现月薪4 500~5 000元；直播经济带来的可观利润也使更多投资者看到商机，目前海头镇已有外来"网红"孵化公司、食品批发公司等40余家。

2022年以来，海头镇电商发展更是乘风破浪，日活跃直播账号超过6 000个，年销售额超过1亿元的电商户2户，年销售额过1 000万元的电商户近100户，带动相关就业人员2万余人，日均发货量超20万件，全镇年销售额达到65亿元，2021—2022年连续两年被评为中国淘宝镇、省农村电子商务示范镇。

（二）主要做法

为了利用现有的"网红"基础和"粉丝"红利推动电商更好地发展，海头镇加大产业规划力度与投资，建设了江苏海头电商产业园。目前，江苏海头电商产业园一期已正式开始使用，"网红"孵化中心、批发市场等已基本形成。成立海产品批发市场和海产品深加工企业，拉动市场需求。正着手建设海头贝类市场，以满足对本地产品的需求。

一方面，在产业整合方面，规划建设电商产业园，集聚产业。依托海产品综合市场打造电商产业园，将企业、服务商、电商户集聚在一起，以电商服务中心为载体，打造农民创业平台，使电商产业化，并在淘宝、快手、京东等各电商平台设立服务网点，引进"网红"，设立阿康工作室、青创空间、"网红"直播间等功能室，为村民提供实训平台。目前，电商产业园已形成一条完整电商产业链，包含食品批发、电商孵化、物流等相关配套产业；具备冷库设施、冷链物流设施、电商展示大厅（跨境海鲜展示区、产品体验区）、"网红"直播大厅、"网红"公众厨房等电商配套设施，并邀请知名"网红"坐镇直播，把本土的特色海产品通过直播的形式推向全国。为进一步壮大电商经济发展，为电商经营户提供更为优质的服务，电商产业园集中了直播电商所需要的相关企业，由党支部进行打造，突出党建引领，推行"党支部+电商"模式。电商党支部利用党建力量，以老带新，通过孵化中心搭建平台，2019—2022年共带动200余名创业青年跨入电商发展快车道。

另一方面，在物流方面，引进顺丰冷链运输项目，便于生鲜运输。先后引进多家物流企业入驻电商产业园，牵头与顺丰洽谈成立顺丰海鲜物流处理中心,该项目计划总投资 1.8 亿元,占地 32 亩,建筑总面积 2.25 万米^2,主要建设冷藏冷冻中心、打包中心、分拣中心等,建成集中转、网点、冷藏、打包、代发货为一体的处理中心,承接苏北及鲁中地区的海鲜快递件,能满足每天 20 万件快件中转,打造顺丰集团全国第一个自动化、信息化海鲜发运中心。目前已完成立项、环评手续,取得建设工程规划许可证、不动产权证、施工图审查合格证、施工许可证,现场已完成基础施工、消防水池施工。该物流处理中心项目将集下单、包装、分拣于一体,大大节约人力成本,充分保证运输的时效性。

海头镇将在原有电商产业园周边,规划建设近 600 亩的综合性海鲜电商产业园,将全镇海鲜电商产业集聚到一个区域。综合性海鲜电商产业园将聚集"网红"和有关行业,朝着一站式闭环产业链趋势发展。现占地 180 亩的电商产业园二期工程正在施工,占地 30 亩的顺丰冷链物流中心项目也正在全力推进中。电商产业园将建立互联网海鲜交易批发市场,解决电商户货源问题,建成后预计将增加就业岗位 300 余个,带动集体增收,带动更多的农副产品通过直播途径销售。

(三) 工作成效

1. 主要创新

(1) 闯出新业态,实现从"旧"到"新"的转变。依托传统渔业,抢抓网络经济大爆发机遇,通过党建引领、组织搭台、党员带动、群众同富,培育新业态,发展新经济,共享新成果,让渔网接上互联网,让渔业催生新产业,探出了一条"支部+电商+产业"富民兴村新路。建设电商产品展示馆、"网红"直播室、共享直播厨房,积极引进抖音、快手合作平台,打造电商孵化中心。定期组织党员电商创业交流会,不断丰富直播形式,推出适销对路新品,成为引领产业的"红色头雁"。组织一对一帮带、手把手培育青年创业,引导大批渔民白天撒渔网、晚上互联网。

(2) 孵化新人才,实现从"少"到"多"的转变。产业兴盛,人才第一。村党组织积极招才育才,开通电商人才服务直通车,引进邻域内专家,吸引逾100 名"80 后""90 后"在外大学生返乡创业。引进易客乐极等专业电商运营团队进驻电商孵化中心,举办电商创业培训 30 余场次,培养 10 余名电商创业头雁，精准实施"十百千"帮带计划，十名党员电商帮扶百户电商创业，带动千人就业，挂牌成立28家"电商达人工作室"，评选"赣榆区首批电商直播人才"，积极吸纳6名优秀电商人才为入党积极分子，为当地电商产业发展注入强大动能。

（3）拓展新空间，实现从"量"到"质"的转变。立足长远，做好规范，做优配套。村党组织及时牵头成立电商协会，积极与平台建立协调机制，强化线上监督，与执法部门建立协作机制，开展线下监察，明确行业规则，保障产业健康。积极融入"蓝色海洋"产业党建示范带建设，举办"5·18"网络购物节、海鲜电商节、名优海鲜产品展销会等活动，唱响"鲜美海头""海头鲜"等特色品牌。

2. 经济效益

电商的迅速发展，市场需求量增加，对产品的要求也趋向于多样性，根据实际情况，成立了海产品批发市场和海产品深加工企业，极大地拉动了市场需求，满足电商供应量，带动物流、冷链、包装等相关服务产业的发展。利用电商产业园推动海头镇渔业、海鲜行业良性发展，升级产业，改善民生，把握一定品类海鲜的行业定价权，做强海头海鲜产业集群特色。吸引更多海鲜企业进驻园区，进一步提高冷库、加工区、物流区的利用效率，进一步带动海头镇旅游业的发展，促进区域发展。

3. 社会效益

加快实施乡村振兴战略，摆脱传统路径依赖，持续兴起全民创业热潮，建立和完善电子商务支撑保障体系，培育和壮大电子商务经营主体，强化电子商务宣传和培训，促进线上线下融合发展，为网店寻根，为实体配翼。对电商户进行创业培训，开展品牌共建，成立电商商会，协助网店企划，同时，加强公共配套服务，鼓励和吸引电子商务企业、销售大户入驻电商产业园，形成办公、仓储、展示、孵化、培训、接待、休闲娱乐为一体的产业集群，大力支持电商园建设，整合优势资源，对入驻园区的企业给予相应的政策扶持。加大公共服务的投入，推动了海头电商的快速发展，直播经营种类也由海鲜类升级为食品类，扩宽经营渠道，带动其他产业快速发展。

4. 推广应用情况

海头镇在短短几年时间里，形成了产业集群的规模效应，实现了"买全球 卖全国"的目标。将企业、服务商、电商户相融合，以电商服务中心为载体，为村民搭建起了低成本的创业平台，加强产业配套服务，同时，鼓励和吸引电子商务企业、销售大户入驻电商产业园，集办公、仓储、展示、孵化、培训、接待、休闲娱乐于一体，整合优势资源。对入驻电商产业园的企业给予相应的政策扶持，提供后勤、平台支持，为电商产业的发展铺平了道路，形成了产业链，实现了规模化发展。

七、安徽省砀山县——发展电商产业　助力乡村振兴

　　安徽省宿州市砀山县被誉为"世界梨都""中国果业之都"，年产各类水果170万吨。近年来，依托丰富的果品资源优势，抢抓"互联网+"战略机遇，探索出一条政府积极作为、"草根"踊跃创业、企业自愿转型的农产品上行电商之路。砀山县先后入选2015年、2019年国家电子商务进农村综合示范县、"互联网+"农产品出村进城工程试点县。砀山县农村电商工作曾连续4年获得安徽省政府表彰，作为农村电商发展先进典型，先后多次在全国农村电子商务精准扶贫经验交流会、安徽省电子商务进农村全覆盖现场会等国家级、省级现场会上做经验交流。

（一）主要做法

　　1. 政府顶层设计、高位推动

　　（1）加强顶层设计。砀山县政府把发展农村电商作为巩固脱贫成果和乡村振兴有效衔接、打造经济增长新引擎的重要抓手之一，成立了县长任组长的高规格农产品出村进城领导小组和电子商务进农村领导小组，高位推动，高质量推进全县电商发展。

　　（2）强化政策引导。出台《砀山县农村电子商务发展规划（2020—2022年）》《关于促进电子商务发展的实施意见》等系列文件，制定了《农产品出村进城工作计划》把电商产业发展作为引领一二三产业融合发展的战略性工程来抓。

　　（3）加大统筹力度。积极引进阿里巴巴、京东、苏宁、美团等龙头电商企业参与砀山电商建设发展，在兴农扶贫、快递物流、金融服务等方面进行全方位对接。

　　（4）培育专业人才。针对电商从业人员，分类施教，进行定制化培训。针对有从事电商意愿、没基础的从业者，开展基础性电商培训；针对有一定基础的电商从业者，围绕视频直播、跨境电商等开展知识更新大讲堂；针对具有

较高水平、有意愿成为讲师的学员开展讲师培训,打造本地电商讲师团队。

2. 构建服务体系、全面保障

(1)高标准建设并运营砀山县电子商务公共服务中心。为全县从事电商的创业者提供"保姆式"孵化方案。服务中心建有人才培训中心、孵化运营中心、自动分拣中心、电商人才公寓等,为电商企业提供从起步到成长、壮大需要的各项服务。

(2)建设县级快递物流配送服务中心。中心占地面积123亩,有现代化办公区、标准存储仓库、包装和装卸设备、专业分拣流水线等。建成覆盖城乡的县镇村三级物流配送体系,实现了物流配送网点全覆盖,打通了快递物流服务"最后一公里"。

(3)强化末端网点建设。全县共建成109个涉及电商运营、创业孵化、就业培训、扶贫车间、产业基地、物流配送、便民服务等业务的村级综合服务点和便民网点。

3. 探索"梨都路径"、富民增收

砀山县将独特的果蔬资源优势同电商产业有机融合,探索出了"一个电商一个村""清仓红利式"销售等精准电商扶贫模式,走出了一条"贫困户稳定脱贫、村集体经济持续增收、电商企业蓬勃发展"多方共赢的精准电商扶贫之路。砀山县"发挥协会带动力,助力脱贫攻坚战"网络扶贫案例入选中国网络社会组织联合会颁发的"2020网络扶贫典型案例";安徽亿度网络科技有限公司案例入选国家发展改革委评选的"2020年全国消费扶贫先进典型案例"。

(二)创新点

1. 顺势而为,不拘一格,营造环境,实效为本

微商起步。砀山电商从微商起步,裂变式发展,2015年和2016年微商销售额占比曾达电商的70%以上,通过微商的快速发展,迅速培养了一批电商企业和电商人才。

快速迭代升级。电商企业主动适应电商发展趋势,积极创新,不断自我创新,自我提升,不断转型升级。

助力产业结构调整。随着电商产业快速发展,全县水果产业结构不断优

化，为电商的发展提供了更多优质产品。

2. 政府站台，龙头带动，拓宽渠道，融合发展

为扩大砀山农产品的知名度，拓宽消费市场，帮助果农销售农产品，砀山县积极发展"网红经济"，打造"媒体公众（明星'网红'）+产品+电商+农户"模式。依托"梨花节""酥梨采摘节"等特色平台，开展公益直播，千名"网红"齐聚砀山，现场直播销售农产品，让本地农特产品通过"云端"走向全国。抢抓社区团购等新电商红利，加紧培育本地社区团购电商企业。安徽壹度品牌运营股份有限公司依托线下壹度便利实体店，联合县内电商成立"壹度易购"和"壹度拼拼"两个电商平台，深度布局社区团购，线上线下广泛服务于淮海经济圈4省30多个县（市），2019年被商务部评为首批全国线上线下融合发展数字商务企业，是安徽省唯一入选的企业，2021年获评国家电子商务示范企业。打造"电商+招商""项目+产业+资本"模式。与阿里巴巴、苏宁易购、美团等电商平台深入对接，拓展电子商务及相关配套服务在农村的服务范围和服务深度。微谷电商物流产业园、电商大厦、交通商贸物流园、幕天冷链仓储物联产业园等一批项目建成并运营。

（三）工作成效

近年来砀山县的电商产业呈现"爆发式""井喷式"发展，由2015年拥有电商企业300多家，电商年交易额10.4亿元，发展到2022年拥有电商企业2 300多家，农产品电商品牌2 100多个，网店和微商近6万家，年电商交易额超60亿元，10余万人从事电商物流等相关产业，成为全国农产品网络销售大县。全县共有8个省级农村电商示范镇、31个省级农村电商示范村、16个省级农村电商示范点，涌现出李娟、绳惠展、武妍彦、段旭旭、王小辉等一批电商带头人。"砀山电商现象""一村一电商精准扶贫模式""电商励志女孩李娟"被主流媒体和电商专家作为典型案例在全国宣传推介，先后6次在国家级、省级电商大会上作经验介绍。在商务部组织的电子商务进农村综合示范县绩效评价中被评为优秀等次，形成了全域、全民、全品类、全渠道、全产业链的电商发展新格局。

（四）借鉴意义

1. 提高政府引导力，助力电商快速发展

一是高位推动，统筹谋划。电子商务进农村领导小组双组长负责制体现了县领导层的重视，使电商产业成为县域经济发展的战略性工程。二是强化政策扶持。出台《关于加快农村电子商务发展若干政策》等文件，撬动社会资金10多亿元投入电商发展。三是加快人才培育。依托电商公共服务中心，开展电商人才培训，坚持"走出去"受训，"请进来"授学，"沉下去"培训。

2. 发挥协会带动力，助力电商创新发展

一是智慧分享。县电商协会通过定期举行私董会、座谈会等方式交流发展经验和产销信息，增强企业抱团前行凝聚力。二是创新发展。电商企业联合成立"壹度易购""壹度拼拼"两个社区团购平台，推动电商企业走"基地化、实体化、精品化、平台化"之路。三是助力扶贫。通过全国电子商务进农村示范县建设，引导电商企业扶贫助农，让贫困户的农产品、人力资源等实现"变现"，让贫困人口共享受电商发展成果，有尊严地稳定脱贫。

3. 激发市场主体内生动力，助力电商融合发展

一是促进转型升级。充分发挥直播电商、互联网商流量带动效应和电子商务规模优势，赋能引导传统商贸主体触网升级。二是推动企业多业态经营。鲜果时光商贸公司通过网销鲜果和罐头，实现年销售额超过5 000万元。2020年，该公司研发、生产"方燕"牌牛肉酱、香菇酱等系列产品，日均销量1万瓶。三是推动一二三产业融合。电商的蓬勃发展，不仅带动了农产品种植加工结构的调整，还拉动了印刷包装、创意设计、快递物流等二三产业的快速发展。

4. 优化创业环境影响力，助力电商全面发展

一是做好服务。针对电商发展需求，精准提供服务及产业配套，让电商创业者没有后顾之忧。二是激发活力。采取政府搭台企业发展，坚持市场导向，吸引更多企业与社会资本参与电商发展，激发市场主体活力。三是不断创新。鼓励电商企业创新、融合、协同发展。

八、安徽省金寨县——抢抓直播电商红利助推农业产业结构优化升级

安徽省六安市金寨县以国家电子商务进农村综合示范为抓手，强力推进农村电商提质增效，农村电商成为推进产业兴旺的主力军、助推乡村振兴的新引擎。近年来，金寨县外引内联，抢抓直播电商风口，创建电商直播矩阵，探索培育"直播经济"，通过电商主体培育、网销产品开发、夯实产业基础、推动产品上行，有效带动产业增效和群众增收，形成了以"直播电商引领、联农带农紧密、强力推动农业产业优化升级"为主要内容的"直播引领改造传统产业、补链强链推进农业产业结构优化升级"农村电商新模式，打造了"直播电商+助农带农"新渠道，助力县域经济高质量发展。

（一）创新引导培育新农人

1. 做好技能培训，强化群体壮大

2018年以来开展各类电商技能培训298场次、24 049人次，其中，直播电商培训75场次、5 525人次，含乡村干部直播电商专项培训、各类经营主体直播电商技能提升培训等；2020年4月以来，每周四在金寨县文旅电商直播中心固定开展直播电商技能培训，以实训、实操与实播为主的固定场所、固定时间的培训，为各类经营主体提供了有效的直播技能提升渠道和平台，实现了持续壮大直播队伍、提升直播能力。

2. 对接培训资源，强化层次提升

积极对接阿里巴巴、字节跳动等大平台的优势培训资源，成立安徽第一批阿里村播学院，孵化村播达人192名；组织185人参加字节跳动"头条讲堂"直播讲师培训，10人入选"头条讲堂"预备讲师。字节跳动公司和阿里村播学院把金寨作为县级孵化中心予以扶持，本土直播矩阵不断扩大。

3. 开展资质培训，强化直播规范

为进一步规范直播电商发展，2021年创先开展直播电商从业资格培训，

带领学员到北京开展直播从业资格认证培训，33 人取得人社部①认可的高级直播销售员从业资格证。2022 年，金寨县组织开展 4 批次 200 余人次的直播电商技能认证培训，培训合格学员获得电子商务师（四级）职业技能等级证书和直播销售员培训合格证书等。

4. 创新培训方式，强化实操实战

在直播电商培训中，金寨县始终坚持学以致用、形式多样。一是座谈式培训，多次组织县内"网红达人"开展商讨座谈，探索交流各类主播助力乡村振兴的方式、实现农产品推介的方法等。二是交流式培训，2020 年两次组织全县重点乡镇、电商微商到江苏省连云港市考察学习直播电商，实现直播电商对接发达区域、借鉴先进经验。三是以赛促训，2020 年组织学员参加六安市直播电商技能比赛，囊括全市前四名；2021 年组织学员参加六安市直播电商技能比赛，在前十名中占据七位，同时获得第一名；连续两年参加省级直播大赛，均获得较好成绩；2021 年，以"创'星'直播'秀'美金寨"为主题举办了 2021 年金寨县电商直播大赛，全县 100 余名选手参赛，通过氛围营造、以赛促训、网销引领，有效激发了全县直播电商的创业激情和网销热情。四是以活动促提升，常态化开展各类直播助农销售 200 余场次，实现直播销售 2 亿元以上。开展"百名主播带您云上游金寨"直播推荐活动 20 余场次，实现话题播放量超 2 亿次。

通过持续不断的培训提升和引导孵化，在"潘姥姥""大山里的远儿""乡味妈妈""秀珍妈妈""奇门小亮""金寨长寿农特旅游产品馆"等"网红"抖音账号的带动下，全县直播电商矩阵进一步形成，各类直播电商主体如春起之苗，"先徽""俏俏果""茗抱春""露雨春"等一大批优质直播账号或主体相继涌现，全县已培育"粉丝"千万级别"网红" 1 个，百万级别 7 个，十万级别 30 余个，"潘姥姥"账号跻身巨量星图商业影响力榜前三位，2019 年和 2020 年金寨县分别获得全国抖音获赞县级城市第一名和第二名，直播电商矩阵进一步形成，成为助推农产品上行、助力乡村振兴的有力载体。

---

① 人社部：中华人民共和国人力资源和社会保障部，全书简称人社部。

（二）夯实基础优化产品供应链

在通过多种引导和培训形式初步解决了直播主体的培育和孵化后，"播什么"就成为面临的问题。金寨县立足产业实际，把县域公共品牌打造为抓手，积极推进标准化、规模化、品牌化的农特产品开发，同时，融合推进旅游、文化、生态等体系化的直播推介和网络销售。

1. 以品牌打造为主体，以供应链为支撑，公共品牌与企业品牌协同发展态势

提高了"长寿金家寨"系列产品区域公共品牌的价值。培育的金寨俏俏果电商、先徽食品等企业年均销售额均超过 1 亿元。开发出山核桃、小香薯、金寨黄大茶等一大批网销爆款产品，其中"俏俏果"山核桃仁为 2020 年全网同类目销售额第一名，金寨小香薯、金寨香薯干等网销产品，成为全网最受欢迎的贫困县农产品。

2. 鼓励支持标准化、规范化网销产品的开发和量产，不断扩大并丰富金寨网销产品的种类

2021 年，对 3 家电商主体开展食品生产许可认证，并且对其开发网销产品的设施设备投入予以奖补，对 27 家企业新开发的 117 个网销产品予以奖补，全县有油、面（手工挂面）、茶、休闲食品、保健食品、特色产品等多大类的 400 余种标准化网销产品，其中茶叶、香薯干实现直播销售过亿元。

3. 以网销扩需求，以需求扩产量，以产量带产业

金寨县始终以"促上行、扩销售"为导向发展直播电商，通过直播电商有效带动茶叶、山核桃、香薯干、手工挂面、各类种植养殖产品的网络销售，以茶叶销售为主的"茗抱春茶业"每年通过直播电商销售茶叶 3 000 万元以上，带动茶叶生产合作社、家庭农场近 20 个，带动近 300 户茶农增收；以直播销售为主的香薯干产品，成为疯狂小杨哥、辛巴、李荣浩、岳云鹏、贾乃亮等主播和明星们的主推产品，也是东方甄选平台重点推荐产品，2018 年以来，以直播电商销售为引领带动小香薯产业的快速发展，全县种植面积超 3 万亩，燕子河周边乡镇种植达 6 000 亩，每亩产值 4 000 元以上。燕子河、汤家汇、铁冲等乡镇均形成小香薯种植—收购—加工—网销的完整产业链闭环，有力地带动了群众增收。和直播电商发展之前的零星种植比较，直播电商成就了小香

薯产业的发展和兴旺,同时有效带动产业增效和群众增收。

4. 链接产业持续发展,联结利益持续增收

直播电商的基础在产品,产品的基础在产业,产业的基础在种植、养殖、加工、销售等一体化的利益联结。通过"直播电商+基地(合作社)+群众"模式推进电商助力脱贫攻坚衔接乡村振兴工作,2018—2022年,全县各类电商主体收购20 670户群众农副产品15 326.56万元,户均带动产业增收7 415元,其中,2021年以直播电商销售为主的68家电商主体收购3 075户农户的4 270.56万元农产品,户均带动产业增收1.38万元,进一步巩固了"直播电商+基地(合作社)+脱贫户"的农村电商利益联结机制,山核桃、香菇、小香薯和茶叶等产品不仅仅成为畅销的"网红"产品,更是助力乡村振兴、群众致富的大产业、好产业。

5. 融合产业,集合资源,推动直播电商高质量发展

在做实直播电商带动农产品上行的基础上,为推动直播电商高质量发展,金寨县以旅游、商贸(产品、非遗传承)及康养度假营销为重点,推进"电商+文创+旅游(产品)"的深度融合,通过加强与国内较知名的直播机构合作,发现、培育、整合和壮大该县"网红"群体,同时全方位挖掘素材,植入金寨山水人文、美景美食和历史文化,设置场景主题,强化情感传递,突出内容营销,制作出有亮点和吸引力的作品。积极对接淘宝直播、抖音、快手等平台资源,利用直播、短视频等多种新媒体手段,全网络多平台传播,全面推介金寨旅游资源,推动金寨优质特产销售,促进康养度假产业提升。

(三)有效服务推进直播电商体系化发展

1. 加快农村电商公共服务体系,特别是直播电商服务体系的建设

依托县文旅电商直播中心常态化开展直播电商的培训、实操和产品资源对接等,借助大别山农批供销e家电商运营体系及场所,升级县级电子商务公共服务水平,拓展直播电商联盟实践基地,建成集实训、赛事、运营、资源对接、活动交流等于一体的直播电商活动场所和经营场地,完善直播产业生态,充实了以电商为主的现代服务业聚集示范园区。

2. 优化县乡村三级快递物流体系,夯实农村直播电商供应链

投资1.5亿元,建设县级寄递共配暨电商商贸仓储配送中心,集聚和整合

了全县 10 家快递物流、电商和商贸仓储企业；在南溪、古碑等 5 个乡镇试点"邮快合作""快快合作"和"交邮快合作"，推动物流快递共享共配和快递进村。快捷高效的物流快递体系为全县直播经济发展奠定了坚实基础。俏俏果公司位于燕子河镇的生产基地在每次直播活动后都是一片繁荣忙碌的景象，从开始一天不到 3 000 单的发货量，发展到 2020 年每天 1 万单的发货量，再到 2022 年每天 5 万单的发货量。位于汤家汇镇竹畈村的张传峰每天 100 余单的生鲜产品通过顺丰速递实现隔天到达，田间地头和城市厨房无缝对接。

3. 体系化建设实现直播电商裂变式增长和矩阵式发展

探索建设全省第一个县级文旅电商直播中心的同时，在 23 个乡镇推动建设直播电商工作室，县级中心涵盖创意策划、"网红"培训、视频录制、现场直播等功能，指导乡镇直播电商工作室在为小微电商提供直播学习、特色推介和产品销售服务的同时，强化乡镇直播政务号的视频宣传作用，"燕子河畔""光慈故里白塔畈""灵秀桃岭""生态茶乡油坊店"等乡镇政务号和"长寿金家寨"县级政务号已经形成县域直播电商矩阵，有力推进县域文旅直播电商发展。与此同时，在做好报备等工作的前提下，县领导积极走进直播间，示范推动直播电商健康快速发展。县委书记化身主播参加"战疫助农""茶和世界　共品共享"等直播活动；县委组织部部长参加"跟着劳模去扶贫、劳模带货肯定行"直播活动；副县长、人大常委会副主任等领导多次参与直播活动，推销金寨产品；常态化开展电商直播的副县长实现"粉丝"量 12 万人以上；每周四固定开展的"县长来领衔　主播齐上阵"金寨百名主播齐助农活动成为直播电商的县域品牌和创新实践。在县领导的示范带动下，麻埠镇、白塔畈镇、燕子河镇、青山镇、天堂寨镇、油坊店乡、桃岭乡、铁冲乡、沙河乡等乡镇领导纷纷走进直播间，积极开展特色产业、优势产品、重点项目的直播宣传、销售和推荐。在浓厚氛围的引导带动下，全县各乡镇、各企业、各类经济主体都积极主动参与到电商直播之中，直播群体呈现裂变式增长，茶叶、特色生鲜、小香薯、中药材、手工挂面等产品实现全产业链的直播展示和推介。

4. 直播电商效应推进农业产业结构优化升级

一是主动对接阿里巴巴、抖音等平台资源，以及宣传、广电、邮政、保险、乡村振兴等主体资源，开展"畅行中国—重访大别山""一乡一品　走进金寨""邮政助农　村菇出嫁""金寨有好物　太平惠助力""农民丰收节"等各类大型直播活动 100 余场次，引导企业参加各类直播活动逾 1 000 场次。

二是主动联络明星达人助力电商直播。利用各种途径，联系一批明星达人为产品免费代言销售，30余名"粉丝"百万级别以上的明星达人成为金寨县特色农产品的免费推销员。在通过直播找市场，通过市场测产品后，金寨县着力加强市场认可度高的山核桃、小香薯、茶叶、手工挂面、特色种植养殖产品等的产业链建设，再根据产业的分布建冷链仓储、建直播基地、建物流分拨中心等，做实做好服务保障，实现供应链的优化，目前，已经建成燕子河镇休闲食品直播电商基地、汤家汇镇特色种植养殖生鲜产品直播电商基地、白塔畈镇特色养殖产品直播电商基地、中合供销大别山物流特色农产品直播电商基地等，有效带动了燕子河镇及天堂寨镇山核桃和小香薯产业的发展，汤家汇镇、南溪镇、铁冲乡、白塔畈镇黑毛猪、土鸡、土鸭、皖西白鹅、生姜、辣椒、玉米等特色种植养殖产业的发展，直接带动群众户均增收 5 000 元以上，各类小而美的直播电商生态圈成为乡村振兴的新引擎，以及各类电商主体链接带动群众增收的新途径。

九、安徽省南陵县——推出"乡村振兴直播官+农产品+孵化培育"新模式 打造乡村振兴人才矩阵

安徽省芜湖市南陵县坚持产业强县不动摇，聚焦农产品上行，激发农村电商活力，取得了显著实效，连续5年获评安徽省农村电商先进示范县，入选中国县域电商竞争力百强榜（第四十五位）。2021年，成功获批电子商务进农村综合示范项目，南陵县依托项目推出"乡村振兴直播官+农产品+孵化培育"新模式，打造乡村振兴人才矩阵，创新电子商务进农村工作新路径、新模式，加大特色农产品直播力度，让南陵农特产品线上销售"飞入"千家万户。

（一）试点先行，典型引路，打造"乡村振兴直播官+农产品+孵化培育"模式创新"样本间"

南陵县在何湾镇试点先行，探索创新"乡村振兴直播官+农产品+孵化培育"新模式，开创农产品线上体验新方式，提升公共品牌和市场辨识度，打造何湾农特产品名片，带动农业增效、农民增收，形成了可推广的模式样板，继而向全县推广。

1. 夯牢支点，培育电商人才助力乡村振兴

何湾镇充分发挥网络直播的聚集带动效应，讲好家乡故事，抓好电商赋能，成立镇电商办公室，招募"农家小铺"电商志愿者组建志愿服务队，吸纳一批本土电商"主播"志愿者，在多个网络平台开展直播活动，让更多何湾的农特产品能够搭乘互联网的快车。同时，针对摸排人员进行专项培训，从线上开店到正式运营全程跟踪服务，进一步拓宽农村剩余劳动力的就业渠道。在摸索中，"乡村振兴直播官+农产品+孵化培育"模式初见雏形，何湾镇"农家小铺"电商志愿服务项目，也荣获安徽省年度十佳志愿服务项目。依托这一模式，紧紧围绕巩固拓展脱贫攻坚成果和乡村振兴的有效衔接，何湾镇电商办帮助11名建档立卡贫困人员开设网店，销售农产品500余万元，实现了经

济效益和社会效益"双丰收"。例如,何湾镇龙山村村民张先宏,因残致贫,在镇电商办公室的帮助下,通过抖音、微信等平台积极宣传、销售自家生产的土鸡、芝麻、玉米等农产品,收入达 5 万元,成为了远近闻名的脱贫致富先进人物。

2. 突出重点,着力提升特色农产品品质

何湾镇确立以国家地理标志产品凤丹为主打特色产品的"一镇一业"项目,培育"三品一标"农产品企业达 10 余家,涵盖稻谷与中草药种植、家禽饲养、农产品初加工等多个领域。配套建设标准化畜禽屠宰厂,强化生产过程监控和数据监测,严格过程管控,实现全程品质追溯,提升绿色优质农产品持续供给能力,为"乡村振兴直播官+农产品+孵化培育"模式推进奠定了丰富质优的产品基础。2021 年仅何湾镇青山村通过"乡村振兴直播官+农产品+孵化培育"这一模式就帮助村民销售了原生态大米、葛粉、土鸡和鸡蛋等绿色农产品达 100 余万元,并带动该村集体经济年增收 20 万元,真正实现了农产品出村进城。

3. 打通堵点,积极发展农村电商新业态

何湾镇利用镇长途客运站闲置土地建成 1 200 米² 电子商务公共服务中心,配备专业直播设施设备,积极培育电商主体入驻,目前入驻电商主体 16 家。同时建成黄山村农产品线上线下展销中心和绿岭村等 4 个电商综合服务站点,打通农产品出村进城通道。目前,全镇在淘宝、阿里巴巴和微信小程序等销售平台注册店铺 60 余家,通过"乡村振兴直播官+农产品+孵化培育"模式,带动农产品网上销售额突破 5 700 万元,带动 500 余人创业就业。全镇 18 个村集体经济股份合作社全部建立了网上店铺,销售本村农产品,打造"一镇一中心、一村一网店、一店一产品",增加村集体收入 50 余万元。

(二)搭建平台,优化服务,跑出"乡村振兴直播官+农产品+孵化培育"模式发展"加速度"

南陵县积极搭建电商平台,提升电子商务公共服务中心运营服务能力,构建企业生产、平台运营、主体孵化、直播带货为一体的电商产业优良生态,提升县域品牌网络知名度,促进"乡村振兴直播官+农产品+孵化培育"模式快速发展。

1. 搭建电商平台，推动品牌"云发展"

南陵县成立"农产品上行中心"，按照"农产品上行中心+电商（平台）+村站"的模式，联合村电商服务站帮助扶贫基地、农户销售农产品，2021年年底线上线下销售农产品9690万元。成立"邮你行"农产品线上线下展销平台，优选30多家合作社、家庭农场生产的120多种特色农产品入驻，年销售农产品3000多万元，带动了村站进行农产品销售。推动78家企业开展"三品一标"认证，涉及148个农产品品类。南陵大米、南陵圩猪、奎湖鳙鱼、丫山丹皮、弋江紫云英等特色农产品登记为国家地理标志产品，进一步提升了南陵县农特产品在全国市场的竞争力和产品品牌的网络知名度。

2. 优化服务体系，打造助企"加油站"

积极提升电子商务公共服务中心运营服务能力，深化"乡村振兴直播官+农产品+孵化培育"模式的落地，为具有发展潜质与意愿的个人与企业提供多元化服务，培养电商人才，扶持电商创业，营造电商氛围，全县年新增电商主体200余个，孵化创业团队100余个，孵化各类线上店铺200余个。目前，全县有电商主体800余家，年线上销售额超1000万元的企业15家。建立了147个村电商服务站点，服务覆盖率100%，其中，综合服务站点28个，为村民提供代购、代销、代缴、快递等服务。建设了4.5万米^{2}电子商务产业集聚区，吸纳46家经营户外烧烤、农副产品、旅游等产品的电商龙头企业及快递物流企业集聚发展，带动就业1500余人，被评为"芜湖市电子商务示范园区""安徽电子商务示范园区""安徽省县域电商特色产业园"。全县创建了4个示范镇，17个示范村，辐射带动作用不断显现，"小园带大区""示范村带全镇"产业格局正在逐步形成。

3. 创新孵化，以赛代训，构建"乡村振兴直播官+农产品+孵化培育"模式人才"商学院"

为深入推进"乡村振兴直播官+农产品+孵化培育"模式，南陵县创新直播官培育孵化模式，持续孵化培训机制，落实以赛代训，打造聚才育才"大舞台"。

（1）创新孵化模式，打造村镇直播"生力军"。南陵县深入推进各镇、村基层干部"乡村振兴直播官"孵化，开展基层村干部直播培训，补齐电商专业技能"短板"，做到镇镇有主播，周周有直播，涌现出一批如张先宏、李文静等自强不息的脱贫光荣户，一批如张为民、刘春等创业基地的"领头雁"，一批如郭林、丁小林等推动当地产业发展的"乡村振兴直播官",创建电商志愿者服务队10支,累计开展直播280多场,政策宣传成效显著,实现直播销售额2 200余万元。通过"一根网线"敲开农村电商"致富门",为巩固拓展脱贫攻坚成果和乡村振兴的有效衔接奠定了人才基础,为乡村振兴注入新动能。

(2)落实以赛代训,构建人才"商学院"。深入实施人才强县战略,结合南陵县农村电子商务产业特点,重点对返乡就业创业人员、基层村干部、退伍军人、具备条件的脱困人员等开展培训,2021年开展线上线下各类培训累计72场、3 641人次,其中累计培训建档立卡脱困人员48人。积极推动直播孵化人员参加各类直播大赛,以赛代训提升选手水平,选派100多名选手参加安徽省商务厅举办的省电商直播大赛,2021年南陵县1名选手获得个人三等奖,2022年南陵县3名选手分别获得一等奖、三等奖、优秀奖各1项。2022年开展南陵县"天工杯"职业技能大赛暨直播销售员技能(电子商务创业)大赛,通过大赛培育了一批优秀的电商直播人才。

下一步,南陵县将以国家综合示范县项目为契机,不断推进"乡村振兴直播官+农产品+孵化培育"模式建设,全面提升全县农村电商发展水平。

十、福建省云霄县——勇创新　强举措　助力乡村振兴

福建省漳州市云霄县坚决贯彻落实习近平总书记"电商作为新兴业态，既可以推销农副产品，帮助群众脱贫致富，又可以推动乡村振兴，是大有可为的"重要讲话精神，专门成立电商办公室，通过电商和乡村振兴之间"修路搭桥"，让"绿水青山"触网，为"金山银山"接单，以"电商+"系列创新举措，培育长效机制，带动脱贫人口和农村低收入人口增收致富，促进特色产业提质增效，推动实现巩固拓展脱贫攻坚成果同乡村振兴有效衔接，探索出了一条行之有效的电商助力乡村振兴新路径。

（一）发展情况

云霄县原是福建省级扶贫开发重点县，辖9个乡镇（场）和1个经济开发区，有197个行政村（社区），总面积1 166千米²，人口39万人。2020年受新冠疫情影响，面临着客商进不来、农特产品出不去的局面，产品销售难，刚刚脱贫的群众面临因疫返贫的风险。云霄县委、县政府及时吹响"战疫助农"的战斗号角，县电商办公室应声而动，以"勇创新、强举措、优服务"的宗旨开展工作，把传统枇杷节首创改为线上枇杷节，举办线上科技大讲坛，以党建引领企业承担社会责任，培育农村电商带头人销售产品，确保丰收不愁销路，排除了脱贫户因疫返贫的风险，带动数千名脱贫人员和农村低收入人口增收致富，努力建立长效机制巩固拓展脱贫攻坚成果，助力乡村振兴。

（二）主要做法

1. "电商+"线上枇杷节——在福建省率先把传统"节会"改为线上举行

2020年2月，"开春第一果"枇杷熟了，拥有中国驰名商标的"云霄枇杷"因新冠疫情陷入销售困境，传统的枇杷节也无法举行，桃树村村委会委

员吴素华忧心忡忡地说："去年这个时候已经来了几十个外地来收购枇杷的客商，现在却只有3个，再这样下去，群众的收入就泡汤了，脱贫户很可能就要返贫了。"电商办公室了解到这个情况，及时向领导汇报，取得领导的支持后，2020年3月6日将已连续举办5届的枇杷节"搬"到网上，县电商办公室通过直播、微商、短视频大赛等网销形式，推动枇杷线上线下销售"火力全开"，副县长"直播带货"为云霄枇杷网上造势、网上促销。吴素华也亲自转战网销，为当地枇杷代言，成了"网红""枇杷姐姐"。"我们让村民将枇杷采摘好，在家里预先称重装箱，将姓名、电话和重量写在箱子上，每一户家庭派一名代表将包装好的枇杷送到固定的收购点。这样既可以避免人员聚集，又可以让村民的枇杷得以售卖，真正做到无接触收购。"吴素华说。有了这波枇杷网销热的加持，枇杷的价格由原来的6元/千克提升到了10元/千克，枇杷销往全国各地，供不应求，通过线上枇杷节解决了销售难题，枇杷果农保住了收入，脱贫户没有因疫情返贫，有的果农通过线上热销，收入不减反增。脱贫大学生吴慧婷也是这波热销行情的受益者，吴慧婷接手了自家枇杷网店，加入了主播培训群，开启了微商卖果的创业之路，帮助因病行动不便的父亲卖枇杷，她的事迹上了新华社新视频频道，她激动地说："通过免费培训，我学会了直播和开网店，线上枇杷节让我家的收入有了保障。"

2. "电商+"线上科技大讲坛——线上开展助农活动

电商办公室了解到果农缺乏种植养殖技术的指导，迫切需要产品保鲜技术和加工技术，取得县领导支持后，开设"线上科技大讲坛"，由市、县农业农村局派出科技特派员蔡建兴、陈天佑、张玮玲、张茂盛等讲解种植养殖技术，以新颖的方式在线为上万名果农等送上丰盛的"文化技术套餐"。福建省石饭头电子商务有限公司经理蔡燕红分享了如何解决荔枝在快递运输途中保持新鲜的经验，蔡燕红说："荔枝快递保鲜是个难题，我们研究了很多年才攻克，这个方法是公司赚钱的独家秘籍，但通过保鲜能帮果农把产品卖得更远，我感觉很有成就。"漳州市嘉利王食品有限公司总经理许宝海、漳州市德润康茶叶有限公司总经理张太顺也分别介绍产品加工成果膏和茶饮的技术，通过线上科技大讲坛为群众指导和解决实际问题，深受群众欢迎。

3. "电商+"协会+党建——发动以购代捐

面对新冠疫情，电商办公室主动对接联系云霄县光电电商协会党支部，关键时期云霄县光电电商协会党支部发挥战斗堡垒作用，发出倡议书，引导企业承担社会责任，22 家电商企业带头以购代捐，出资 12.6 万元购买下河阳桃用于慰问抗疫工作人员，邮政公司提供免费运输服务，由县领导带队慰问医务工作者等抗疫人员，抗疫人员感动地说："这时候能记得我们，再怎么拼也是值得的。"云霄县中医院、农村信用社、医务工作者和群众纷纷投入以购代捐的活动中，通过扫描捐赠企业的二维码网上下单，带动阳桃销售，有效促进了果农增收。

4. "电商+"引导企业承担社会责任——促进一产"接二连三"

云霄电商办公室积极引导企业开展助力乡村振兴活动，福建支点农业发展有限公司在电商办公室的促成下，积极承担社会责任，开展销售帮扶活动，前期由于经验不足，销售农产品亏损很多，整个团队信心不足，总经理郑志雄说："再这样下去公司撑不住了。"电商办公室认为有必要把福建支点农业发展有限公司培育成助农企业的标杆，以此带动其他企业参与，通过协调，帮助福建支点农业发展有限公司将云霄县的阳桃、老金枣、百香果、青枣、果糕、罐头、淮山等消费帮扶产品整合进入福建省扶贫办公室指定的消费帮扶平台，助销产品 200 多万元，由于产品品质好，顾客不仅纷纷复购，还以美食为媒，慕名到云霄县旅游观光。福建支点农业发展有限公司既帮助了群众增收，自身销售额也得到提升，其他企业也受到鼓励，纷纷投入"战疫助农"活动中。电商办公室还积极引导电商企业开展农产品网货化、标准化、品牌化工作，促进农产品出村上网，推动电商企业助力一产"接二连三"，通过引导企业承担社会责任，建立长效机制帮助解决农产品的销售和加工难题，促进群众增收。

（三）工作成效

云霄县电商办公室根据县委、县政府的工作部署，围绕"党建+电商"，以"战疫情、强举措、优服务"开展脱贫攻坚衔接乡村振兴工作，其电商扶贫工作入选了国务院扶贫开发领导小组办公室征集的"全国电商扶贫 50 佳案例"（收录于红旗出版社《中国样本》），同时，福建人民出版社出版的《脱贫奔小康的福建经验》一书中也介绍了其经验。在认真总结经验的基础上，以"电商+"系列创新举措，培育长效机制，带动脱贫人口和农村低收入人口增收致富，促进特色产业提质增效，推动实现巩固拓展脱贫攻坚成果同乡村振兴有效衔接，得到了中宣部①、商务部、人民日报、新华日报、新华社政务智库、中国商报、中央电视台、福建省商务厅、福建省电视台、福建日报、海峡导报、漳州市委、市政府、闽南日报、漳州市电视台、今日头条、新浪网等政府部门和媒体的表扬和报道。云霄县电商办公室因在云霄电商扶贫工作中发挥了重要作用，2021年5月获得了福建省委、省政府授予的脱贫攻坚先进集体的荣誉称号。

1. 培育一批网销新农人和带头人

2020年以来，云霄县电商办公室通过联合多个相关部门组织返乡青年、农村"宝妈"、电商初创团队等培训1 000多人次，村民通过培训变得"能说会道"，以淳朴的乡音、身临其境的种养直播，让数据成为新农资，手机成为新农具，直播成为新农活，打造了一批接地气、有特色、叫得响的"白菜GG""昏古七""荣少""乌山妹""支点阿君"等农村主播人设，培育了一大批会直播、善销售的网销新农人。大量的农村电商带头人和新农人把云霄县100多种山海产品卖得风生水起，销到全国各地，带动数千脱贫人口和农村低收入人口增收致富，巩固拓展脱贫攻坚成果，助力乡村振兴。

2. 巧借农村电商实现金融进村服务

为解决偏远农村地区群众小额取现难的问题，云霄县电商办公室积极主动联系云霄县农村信用社，开展农村电商与金融服务"联姻"。依托农村电商覆盖广、物流快、网络全、需求大的特点，与物流配送中心和农村电商服务点合作，成立小面额人民币物流配送服务点，截至2022年7月底，累计配送小面额人民币2 338次，金额1 790万元，回笼硬币198次，金额12.86万元，兑换残损币4.1万元，实现"农民足不出村"可享受小面额兑换服务。

3. 电商交易额增长带动增收和就业

云霄县电商办公室积极联系邮政、顺丰等快递公司为农产品优惠快递费，降低农产品网上销售成本，促进网络销售的扩大。截至2022年，邮政公司帮助农产品进城运输52.24万件，产品价值达2 089.6万元。

2021年全县电子商务交易额38.13亿元，较2020年同比增长18%；快递收件量1 027.04万件，同比增长60.34%；派件量3 750.10万件，同比增长30.21%。电商企业总数达300多家，限额以上电商企业23家，电商从业人员

---

① 中宣部：中国共产党中央委员会宣传部，全书简称中宣部。

6 000多人。2022年上半年电商交易额23.34亿元，同比增长7.76%，电商交易额实现稳步增长，带动了群众增收和就业。

4. 为农产品贴上"通行证"，借助品牌实现增值增收

结合云霄县40枚地理标志商标，电商办公室努力服务电商企业和群众使用地理标志，给农产品贴上"通行证"，不仅为山海产品提供品牌和增值服务，而且也带动了销售，年销地理标志产品20多亿元，帮扶数千名脱贫人口和低收入群众稳定增收。

（四）经验与启示

1. 勇于创新

新冠疫情期间，云霄县电商办公室围绕县委、县政府的部署开展工作，勇于创新，分别开展了线上枇杷节，在福建省率先把传统"节会"改为线上；根据群众的需要，举办线上科技大讲坛，开展线上助农活动；创立"田野直播间"，开展"电商四个一工程"（即打造一个直播人才孵化基地、建设一批乡村田野直播间、培养一支专业直播团队、培育一批网销新农人）。通过电商+创新举措，帮助群众增收，助力乡村振兴，很多创新举措在福建省起引领作用，得到各级领导肯定。

2. 党建引领企业承担社会责任

发挥基层党组织战斗堡垒作用，通过云霄县光电电商协会党支部发出倡议书，引领电商企业带头承担社会责任，火速组成"爱心助农团"，通过以购代捐抗疫助农；鼓励企业开展销售助农活动，促进电商企业通过开展农产品网货化、标准化、品牌化工作，助力农产品出村上网，努力帮助解决农产品的销售和加工难题，助农增收。

3. 六大服务助力乡村振兴

云霄县电商办公室积极开展以下6项服务。

（1）人才服务。针对企业普遍存在缺乏人才的现象，进一步开展校企合作，联系厦门大学、漳州职业技术学校、云霄职业技术学校、唯美学校等相关单位与企业对接，为企业输送人才。

（2）金融服务。根据企业资金需求，协调银行，帮助企业及时解决生产资金问题。继续探讨开展"电商快递贷"工作，协调银行通过互联网数据为

企业提供无财产抵押贷款，帮扶企业渡过难关、做大做强。

（3）资源服务。针对企业缺乏营销资源上的问题，积极帮助电商企业对接资源，联系新闻媒体、厦门大学"我知盘中餐"项目、福建省闽商惠信息技术有限公司等与企业对接，争取引入电子商务项目，助力企业开展跨境电商业务并做大做强。

（4）培训服务。电商新业态、新模式快速多变，许多传统电商跟不上当前火热的视商经济的发展，跨境电商人才尤为匮乏，及时开展相应的培训必不可少。云霄县电商办公室结合新兴的直播视商经济，为村民、电商企业、创业青年、返乡大学生等开展抖音直播、短视频拍摄制作、社交电商、小程序推广和跨境电商的培训，培养了一批直播专业团队、网销新农人和跨境电商人才。

（5）销售服务。许多电商从业者缺乏市场，生产企业和农户面临产品销路困境，云霄县电商办公室积极推动电商从业者与农户、生产企业对接，服务引导企业发展跨境电商业务和一产"接二连三"，组织电商企业参加展会，促进农产品和工业品的"网货化、标准化、品牌化"，培育地理标志产品和"e上云霄"公共品牌，努力实现"云霄产、全球销"，持续壮大电商产业，助力云霄经济发展。

（6）纳统服务。主动向企业宣传电商优惠政策，促进电商企业重视纳统工作，引导工业企业开展网上销售业务，培育电商企业纳入限额以上统计。

十一、江西省遂川县——建强县级农产品电商运营中心　畅通"互联网+"农产品出村进城渠道

作为全国"互联网+"出村进城试点县，江西省吉安市遂川县以"互联网+"为抓手，以"电商物流"为重点，调动政企资源，集多方之力做大做强县级农产品运营中心，推动农村电商快速发展。县级农产品运营中心通过创新电商模式、创办培训学校、打牢设施基础、完善服务体系、升级供应链体系，打造全产业链平台，同时，积极培育电商人才，既实现了全县农产品出村进城，又解决了村民的就业困境，真正实现利民、惠民，让村民的日子好起来，钱袋子鼓起来。自开展"互联网+"农产品出村进城工程以来，带动600多人电商创业就业，新开网店近百家，每天发出快递物流200多车，快递寄件年增长20%，农特产品网络销售额近4亿元，直接带动3 000多户脱贫户户均增收500多元。

（一）背景介绍

1. 物产丰富

（1）"遂川三宝"（茶叶、金橘、板鸭）享誉中外。遂川县是传统农业大县，物产丰富、优势突出，先后被命名为中国金橘、板鸭、油茶、名茶之乡。截至2022年，认定全国绿色食品（金橘）标准化生产基地10.2万亩，年产量达5万吨；遂川板鸭年加工量500万只以上，产值3.5亿元；狗牯脑茶种植规模达28.2万亩，茶产业关联农户10万多人。

（2）农特产品精彩纷呈。遂川除发展茶叶、金橘、板鸭"三宝"外，井冈蜜柚、高产油茶、毛竹、时令鲜果、绿色蔬菜等特色富民产业也遍布全县各地。全县油茶种植面积72.8万亩，年产茶油5 500吨，年产值29.3亿元；毛竹林面积44.7万亩，竹加工企业25家，产值1 000万元以上的公司有4家；井冈蜜柚面积达2.9万亩，参与蜜柚产业建设的农业企业、农民专业合作社、

家庭农场、种植大户有 90 多家。

2. 销售滞后

（1）网销欠发达。遂川县素有"八山一水半分田，半分道路和庄园"之称，是典型的山区县，快递物流不畅，茶叶、竹笋等农副特产往往不能及时销往全国，传统经销渠道难以适应消费结构升级和市场的变化。

（2）物流渠道不健全，销售形式单一。农产品基地和加工企业众多，各个乡镇、各个村没有建立及时有效的物流快递网络，适应网络销售的供应链未形成，不能匹配网络销售订单的爆发式增长、小批量供货以及物流的及时交付等。

（3）队伍待建设。遂川县是典型的劳务输出县，也是农民工返乡创业大县，想从事农产品电商的年轻人很多，如何通过农产品电商运营主体使他们留在家乡形成合力并带动他们助推当地农产品电商发展，是数字农业农村建设最大的难题。

3. 因势而为

2017 年，遂川县农业农村部门经过遴选，由本地电商企业——江西省星星之火电子商务有限公司承担信息进村入户工作，逐步推动农产品电商运营，助力农产品上行。该公司在 2020 年被农业农村部确定为"互联网+"农产品出村进城工程试点参与企业，参与江西首批"互联网+"农产品出村进城工程试点县建设。其以遂川丰富的农产品资源优势和乡镇上百个益农信息社、合作基地为抓手，在遂川带动 3 亿元农产品销售，并与遂川县农业农村局共同推动试点工程四大体系建设，促进遂川县农产品电商发展。

（二）主要做法

借助"互联网+"农产品出村进城试点工作，充分运用互联网技术助推农村电商发展，激发农村经济活力，具体做法如下。

1. 以县级农产品运营中心作为农产品数字化运营主体，增强竞争力

以遂川狗牯脑茶、板鸭、金橘、竹笋四大产业为核心，扶持培育县农产品运营中心，推动本地农产品在种植生产、加工、贮运、销售等环节上与线上需求高效协同。县农产品运营中心培养招募 50 多人组成电商运营团队，20 多名农产品电商主播在多个直播间每天 24 小时轮番上阵，同消费者面对面互动，

推介家乡特产；组织物流车每日到村站点收发农产品快递包裹，争取遂川农产品按照 3 元/件的低邮费发往全国各地，2021 年直接推动遂川县农产品上行年增量 300 多万单。

2. 建设遂川县域农产品电商物流集散中心，增强县、乡、村农产品供应链物流优势

遂川县以"互联网+"农产品出村进城电商物流集散中心为平台，联合多方投入 2 000 多万元改造废旧厂房，整合中通、圆通、百世等 7 家快递公司在集散中心统一分拣操作，县城及周边现已建成电商驿站 150 多个，还有 120 多个电商驿站正在扩网筹建中，实现了整县行政村站点全覆盖。目前，有 8 辆大货车负责遂川县到本省其他地区农产品运输，200 多辆小货车及三轮车负责各村点到县集散中心的运输，实现 300 多相关从业人员共用一套数字物流配送系统，24 小时内基地、农户的农产品有专人专车配送发往全国。

3. 建设好一所县级农产品电商培训学校，以县农产品电商运营中心为核心优化运营服务体系

以县农产品电商运营中心为载体，每月开展 1 次以上培训活动，孵化有从事农产品电商创业意愿的返乡青年、农村创业者、农产品产业基地从业者。2021—2022 年为基地、农产品加工厂、县内电商团队输送人才达 1 000 人以上。以县农产品电商运营中心为龙头，吸纳 200 多位以手机作为新农具的直播达人，每天吸引数十万人直播观看，完成销售农产品订单上万笔。县农产品电商运营中心还提供南屏福狗牯脑茶的可追溯质量安全技术和电商运营专业化服务；推动"星火山人"笋丝的电商小包装标准化设计；长期签约"井圣"金橘果糕的品牌运营服务；县农产品运营中心自建"遂川网 Live"公众号，拥有 20 万名"粉丝"搭建遂川本地综合门户信息平台，为全县人才招聘、农产品供求、农业生产数字化、广告发布提供匹配服务。

4. 争取县政府部门支持，建立农产品电商支撑保障体系

在遂川县"互联网+"农产品出村进城工程领导小组的高位推动下，县政府及相关部门先后出台政策，将狗牯脑茶、遂川板鸭、金橘、竹笋关联的农产品电商销售纳入全县六大产业奖补之中。县农业农村局与市场监管部门高效协同落实追溯"四挂钩"（农产品质量追溯与重大创建认定、农业品牌推选、农产品质量论证、农业展会等工作挂钩）要求，并组织全县各农产品电商销售主体、产业从业者积极参加追溯平台管理应用技术培训，保障农产品质量。

（三）工作成效

1. 助农增收，经济效益好

目前遂川县狗牯脑茶、板鸭、金橘、竹笋在淘宝、阿里巴巴、京东、拼多多、抖音等各大电商平台都有销售，且板鸭、金橘加工品、冬笋在全网平台销售量排行名列前茅。秋冬季到翌年春季，遂川县板鸭及各种特色腊味每天发货量超1万单，金橘及金橘副产品网络年销量超过100万单。竹笋冬春季生产旺盛时，每日近万人进山采挖，通过村级驿站数字物流配送系统收储，分拣、加工、冷藏，再通过阿里巴巴等电商渠道流向全国。在狗牯脑茶主产区汤湖镇南屏村，茶农通过与县农产品电商运营中心签约收益颇丰，2021—2022年实现村民分红总计30余万元，115户贫困户脱贫增收，带动村里茶叶销额400多万元。

2. 扎根农村，辐射就业好

县农产品电商运营中心定期深入到距县城100千米外的茶叶基地、笋加工厂、脐橙果园等为全县的各个村合作社、农产品加工厂（点）提供一对一的互联网技术指导和市场信息服务。通过农产品电商培训学校的培育以及运营中心孵化带动，不少有志青年自主创办电商公司。例如，在县农产品电商运营中心担任骨干带货主播的肢残女青年王梓暄，在县残联的帮助下创办了遂川县助残电子商务有限公司，在本人的亲身经历和教育引领下，众多残障人士加入该公司，通过销售残疾人及其家庭生产的农副产品增加了经济收入，过上了自食其力、自尊自立的生活，受到广泛好评。县农产品电商运营中心自2018年成立至今不断发展壮大，有近2 000人在县农产品运营中心工作过，吸收众多待就业大学毕业生、有志青年和闲散劳动力，包括受新冠疫情影响不便外出务工青壮劳力、家庭主妇等也都能在运营中心找到合适的岗位。县工会、妇联、就业局了解情况后，先后在运营中心成立县新业态新经济工会组织、妇女联合会等给予帮助扶持，反响极好。

3. 措施得力，示范效果好

为推动遂川县农产品电商发展，形成产业竞争优势，遂川县"互联网+"农产品出村进城电商物流集散中心与全县200多个电商团队和100多个生产基地签约合作，省去许多中转环节，对遂川农产品实行上行补贴1元/单，实现

3元以内每单发全国的吉安市最低物流快递资费标准，同时实现产品直接配送到物流集散中心、物流集散中心直发全国的快速物流，以此带动形成了板鸭腊味、金橘、冬笋、腐竹、米粉、狗牯脑茶生产加工的订单化，商品包装模式的电商化，产品品质的分级化，电商运营服务的专业化，并初步形成了"金橘—金橘干—金橘果糕""冬笋—笋干—笋丝—笋制品"等从田间地头初级农产品到深加工产品全产业链的生产、加工、储运、销售体系。

4. 奋发图强，标兵榜样好

县农产品电商运营中心不定期组织参加全国、江西省以及各部委的农产品展示展销会、农产品交易会、博览会。仅2021年下半年就先后获得中国农民丰收节江西活动电商直播大赛二等奖，第三届江西农博会直播大赛一等奖，第三届江西农博会金橘金奖及狗牯脑茶金奖等，借此赢得了遂川农产品的良好声誉，实现了让更多遂川农产品出村进城之初衷。

十二、山东省曹县——曹县农村电商发展模式探析

山东省荷泽市曹县依托乡村传统产业，通过电商平台与服务型政府双向赋能，推动农民大规模创业就业，实现产业兴旺、生态宜居、乡村文明、治理有效、生活富裕，成为经济欠发达地区乡村振兴的样本。曹县实践表明，经济欠发达地区通过挖掘当地的优势产业，依靠电商赋能和政府赋能，激发农民创业活力，也能实现产业兴旺，进而促进乡村振兴。

（一）发展情况

2009 年，淘宝网的业务渗透到了鲁西南乡村。丁楼村村民任庆生、周爱华夫妇在朋友的介绍下在淘宝网上开了店，并卖出了第一单影楼服饰，使丁楼村这个坚守加工销售服装多年的贫困村找到了新的发展方向，一个新的业态开始在曹县生根、发芽、成长。

为更好地服务新业态成长，县乡村三级党委及时对新业态发展进行了规范、引导和扶持。历经 10 余年的持续发展，曹县目前拥有"淘宝镇" 19 个、"淘宝村" 168 个，实现了"淘宝村"镇域全覆盖，逐步形成了四大电商产业集群，即"中国原创汉服产业集群""中国最大的演出服产业集群""木制品产业集群"和"曹县农特产品产业集群"。曹县连续多年被认定为"全国第二超大型淘宝村集群"和"江北最大的淘宝村集群"。

由于电商发展的巨大成功，曹县先后获得"全国电子商务促进乡村振兴十佳县域""国家级电子商务进农村综合示范县""中国十大农村电子商务典型县""全国电商零售额百强县""全国农产品数字化百强县""山东省电子商务示范县""山东省兴农扶贫品牌县"等荣誉称号。

（二）主要模式

2019 年，浙江大学中国农村发展研究院（CARD）总结曹县电商发展模式

为"一核两翼"："一核"即以农民自主创业为核心；"两翼"即一为电商平台赋能，二为服务型政府。随着近年曹县电商高质量的发展，更多新业态的出现，县委、县政府根据曹县实际和"新时代"的发展要求，将曹县经验总结升华为"一店带一户、一户带一街、一街带一村、一村带一镇、一镇带全县"的电商发展新模式，更加符合曹县"点上带动，面上开花，特色鲜明"的发展特色，更加有利于推动曹县产业升级、模式再造、高质量发展。

（三）发展原则

1. 突出以农民经营为主体

曹县电商源于农民的"草根"创业，兴于农民的全员参与，一店带一户、一户带一街、一街带一村，一村带一镇，最终汇集成推动电商发展的强大合力、无限动力、持久活力。

2. 突出地方产业优势

曹县在发展电商中，始终坚持把本地纺织服装、木制品加工、食品加工等传统优势产业与电商经济无缝对接，又依托电商平台促进农业供应链、产业链、价值链系统性重构，筑牢了乡村振兴的基础。

3. 突出激活市场资源

在电商产业中，政府当好引路人，在制度创设、人才引培、基础设施配套上下功夫，最大限度激活各类市场资源，切实培育电商发展的良好生态，持续推进电商发展。

4. 突出持续性推进

曹县县委、县政府主动将电商发展融入全县经济社会发展大局，合理设定阶段性目标任务，一届接着一届干，稳扎稳打、量力而行，助推电商产业从无到有、从弱到强，向区域化、集群化蓬勃发展。

（四）主要措施

1. 不断扩大电商金融服务

大力实施电商龙头企业培养计划，优选100家带动能力强、创新水平高、成长潜力大的电商企业，整合各方面资源进行扶优扶强。积极帮助电商企业破解融资难题,以"普惠金融+智慧县域"为突破口,与蚂蚁金服集团签订战略合作协议,截至 2022 年 7 月,网商银行在曹县已累计放款 148.97 亿元,累计服务 10.85 万人,单个个体电商户贷款额度达 152 万元,为全国最大个体电商户贷款额度,真正实现了"310"模式,即"三分钟申请、一分钟到账、零人工干预"。2022 年 3 月 3 日,曹县政府与中国农业银行菏泽分行签订金融服务乡村振兴战略合作协议,并在大集镇孙庄村设立乡村振兴服务网点,签约以来,已服务超过 50 家电商企业,发放贷款超过 3 000 万元;2022 年 4 月 21日,曹县人民政府与曹县农商银行举行"金融服务乡村振兴 助力经济高质量发展"战略合作签约仪式,农商银行为曹县提供 12 亿元贷款,助力电商促进乡村振兴。

2. 不断完善多部门联动服务平台

成立了"电商龙头企业工作专班",县长任组长,政府职能部门和金融、通信等各单位为成员单位,结对帮扶,针对电商企业发展转型过程中出现的问题做到专人对接、上门服务。与行政审批局结合,开展天猫店"回家"活动,在县行政服务大厅开辟绿色通道,对在外电商企业回迁业务优先办理,明确迁入流程,优化简化办理程序,促进在外电商企业尽快回迁,充分享受曹县的便捷服务和良好营商环境,2021—2022 年共吸引 741 家外设店铺回迁。与市场监督管理局结合,成立中国曹县(演出服饰和林产品)知识产权快速维权中心,是山东省布局建设的第二家知识产权快速维权中心,面向演出服装和林产品产业开展知识产权快速维权工作,为电商企业专利申请、侵权维护打开便捷之门。与县法院沟通,专门出台了《关于为促进曹县电子商务创新发展提供司法服务和法治保障的意见》,自 2021 年 10 月 9 日实施以来,共接到咨询求助 35 件,解决在电商快速发展的过程中电商企业遇到的法律问题,为电商企业发展保驾护航。

3. 不断协调农产品、工业品双轮驱动上行体系

依托"国家级电子商务进农村综合示范县"建设,申请注册了"曹献优品"区域品牌,2020 年 12 月 21 日启用,2021 年 12 月 12 日举办了"曹献优品"企业集中授权活动,首批授权 24 家农业企业,2022 年 6 月 26 日再次授权 20 家农业企业,总计已授权企业达到 44 家,通过公共品牌授权助力曹县企业及产品走上品牌化、标准化的轨道。为助力规模以上工业企业解难纾困,拓宽工业品销售渠道,率先开展"工业品上行暨'百企触网'行动",对全县

373 家规模以上工业企业进行全面分析，初步筛选出 165 家具有电商属性的规模以上工业企业，按照行业、镇街等分门别类建立了台账，并将名单反馈至企业所在镇街，镇街将结合遍访企业活动对所有规模以上企业情况进行全面摸排走访，确保"全民触网、全企入网"。

4. 不断夯实电商产业基础

工欲善其事，必先利其器。曹县财政投资 1 700 余万元，对全县 807 个行政村进行光纤改造，宽带用户达 26 万户，在山东省第一批实现了村村互联网宽带全覆盖，县域 5G 基站完成建设 615 处，各镇街达 339 处；率先为淘宝村新修道路 100 余千米，改善提升农村道路 400 余千米，改造电网 1 000 余千米。县电商服务中心围绕木制品、农副产品、表演服饰、汉服四大产业集群，依托抖音、快手、淘直播等新型销售模式，争取流量、坑位等支持，深挖直播经济，进一步拓宽商家销售渠道，助力电商发展。建成了云仓供应链直播基地、"网红"花木直播基地、智慧家居直播基地、职业中专实训直播基地等十大各具特色的直播基地，在全县形成"点上带动、面上开花"的新局面，为曹县电商产业发展注入新鲜"血液"，为本地电商产业发展创造更大空间。仅 2022 年上半年，曹县新增注册电商户 3 640 家，其中电商企业 1 575 家，个体户 2 065 家，仅"四通一达"（申通、圆通、百世、汇通、韵达）5 家快递公司的发货量就接近 3 000 万单；7 月 6 日，曹县与山东省服装设计协会联合成立曹县汉服设计研究院并举行揭牌仪式，进一步完善了汉服产业链，提高了汉服产品的竞争力；县委县政府通过各种措施推动电商产业向纵深发展。

5. 不断壮大电商人才队伍

曹县出台一系列政策和多种措施，如《曹县人才创业扶持政策》《关于加快电子商务发展的实施意见》《关于做好电商人才有关工作的实施意见》，通过招优秀人才、引凤筑"曹"、培育人才、挖掘曹县本地的特色电商人才等多种措施吸引人才。一是"招"，就是招优秀人才。通过借助产业发展，招聘高学历、高水平人才到曹县从事电商产业，目前全县有博士 3 人、硕士近百人、大学生近万人。二是"引"，就是引凤筑"曹"。在新业态下，依托返乡创业服务站，宣传电商发展的优越条件，累计吸引了 5 万人返乡创业，带动 35 万人从事电商行业。三是"培"，就是培育人才。政府采取购买服务、定向扶贫培训等多种方式，开展"千村万人"培训计划，充分发挥示范县项目功能，建立了完善的培训体系，在全县 26 个镇街设立培训孵化教室，开展相关电商技能培训及扶持。截至 2022 年，已经组织培训 1 116 期、超过 5.5 万人次参加免费电商培训，经过培训新孵化个人网商超过 2 700 个，帮助 100 余家电商企业发展为千万级店铺，带动全县内 300 余家传统企业转型升级。四是"挖"，通过开展各种评选活动，深入挖掘曹县本地的特色电商人才、直播达人。通过上述举措，让更多的人加入了电商队伍，使更多的电商人拥有获得感、满足感和幸福感。政府按照"节会搭台、经贸唱戏"的工作思路，承办了第五届中国淘宝村高峰论坛、第二届全国电子商务促进乡村振兴高峰论坛、阿里巴巴数据赋能新乡村论坛、第三届全国电子商务促进乡村振兴高峰论坛暨第四届中国淘宝村转型与升级发展论坛，以及连续 4 届"荷花节—电商节"等重要活动，不定期开展服装设计大赛、汉服与演出服走秀，充分聚焦各级媒体，使县域电商氛围越来越浓厚。

（五）工作成效

1. 促进了思想解放

电商是对传统思维、传统思想的一场革命。随着农村电商蓬勃兴起，农民开阔了视野，丰富了头脑，形成了"互联网+"思维，敢于开拓创新、尝试新事物，对新知识、新事物、新理念的渴求，使得农村加速形成了求知、向上的新风貌、新气象。众多淘宝村的婚俗习惯也从原来的用金银首饰作嫁妆变成了用"淘宝店铺"作嫁妆，婚车从高档汽车变成了发货电三轮物流车辆。2022年 7 月下旬，新冠病毒袭扰了曹县，丁楼村一共 1 000 多人口，就有 200 多人报名担任志愿者。

2. 推动了创业就业

从事网店经营的村民不再依赖种地务农，就业方式实现由传统种植业向二三产业转移；电商村民足不出户即可在家做网商，吸引了一大批外出务工农民工就近就业以及未就业青年大学生返乡创业，实现了人才"出口"转"内销"。大集镇赵婧就是典型的"淘二代"，她毕业于烟台大学室内设计专业，曾在烟台工作，看到村里人做电商收入颇丰，自己学的设计专业也对口，就承担了网店的美编和运营工作，回家乡协助父亲创办电商公司。她的丈夫姜彪毕业于山东大学法律系，也放弃律师事务所的工作一起创业，承包了大集镇的申通的物流，日均走货量高达五六万件。

3. 带动了农民增收

通过发展电子商务，群众收入持续快速增长。2021年，曹县大集镇"六一"儿童演出服、"七一"建党节红色演出服销售火爆，村民收入显著提高，对汽车的需求明显提升，在此背景下，2022年7月8—9日，菏泽乾宝BMW首届中国淘宝镇—曹县大集镇大型展销活动召开。宝马汽车走进大集镇孙庄淘宝村开展大型展销活动，全镇百余家电商企业经营者参加展会并试驾车辆。

4. 创建了生态宜居

电商产业的发展，让32个原省级和市级贫困村一跃成为"淘宝村"，2万余人通过电商实现脱贫，占全部脱贫人口的20%，并且实现了整村脱贫。村庄的各类配套设施更加齐全，美丽乡村建设更加完善，如孙庄、丁楼、张庄等100多个淘宝村，在电子商务促进乡村振兴工作带动下都成为安居乐业的美丽家园。

十三、河南省光山县——乡村产业搭上 "电商直播" 快车

河南省信阳市光山县认真学习贯彻习近平总书记重要指示精神，"积极发展农村电子商务和快递业务，拓宽农产品销售渠道，增加农民收入"。光山县电商办公室以做大做强电商产业为目标，统领全县 225 家益农信息社大力实施"电商+产业+服务"战略，探索了一条党委引领、政府主导、群众参与的电商扶贫新路径，努力让 93 万人民在共享互联网成果中有更多的获得感。光山电商经过 9 年的精耕细作，从电商孵化园转型至电商产业物流园，最终升级为数字经济产业园。

（一）发展情况

光山县位于大别山集中连片特困地区，曾是中央办公厅定点扶贫县。在中央办公厅大力帮助和支持下，在县委、县政府坚强领导下，光山县被商务部批准成为全国电子商务进农村综合示范县和升级版示范县。"数字成为新农资，手机成为新农具，直播成为新农活"，光山电商通过网上销售，带动了全县一二三产业融合发展，通过在网上测试市场需求，从需求侧倒逼供给侧结构性改革，推动了全县产业结构调整，增加了农民收入；开展电商培训 136 期，累计培训 10 455 人。光山县先后荣获"全国电商特别县""全国电商消贫十佳县"等称号；中央电视台《焦点访谈》、新华网、河南电视台《脱贫大决战》、河南日报等中央级、省级主流媒体，先后多次宣传报道了光山县电商扶贫的典型做法和成效；由于电商扶贫成绩显著，2020 年被国务院扶贫开发领导小组授予"全国脱贫攻坚组织创新奖"。

2020 年新冠疫情期间，光山县通过直播抗击疫情。开发了"易采光山"App，上传了光山县当地 70 多款农产品，通过抖音直播的方式，将消费者引流到 App 商城采购疫情期间所需的农产品。光山县还组建以益农信息社为骨干的物流配送专班，及时将农产品送到居民手中，总计服务居民 30 000 多户，

涉及人口20多万人。疫情好转后，光山县电商办公室立即转型，挖掘光山县及信阳市八县两区的优质农产品100多款，组织产品上线，持续推介以"光山十宝、信阳十特、河南十优、大别山十珍"为代表的大别山优质农特产品，借助抖音、快手等平台，向全世界网友直播介绍光山县及信阳市的优质农产品。形成了以光山县禾园农合有机鲜稻米、赛山玉莲毛尖茶、联兴茶油为代表的省市级农业品牌数十个。

（二）主要做法

1. 打造直播电商服务新模式

光山县坚持创新发展理念，积极拥抱数字经济新浪潮，深入挖掘直播电商促消费潜力，全力打造数字农业直播电商服务新模式，获得了河南省"第一批全省乡村振兴直播产业基地"荣誉称号，以"政府引导、政策扶持，市场运营、企业主体，产业联动、协调发展"为基本原则，以"加速电商上下行，推动三产融合，助力乡村振兴"为主要任务，通过补齐发展短板，壮大龙头企业，延长产业链条，提高运营水平，打通销售渠道，强化溯源管控，创新工作机制，促进全企入网、全民触网、大众创业、万众创新，成功举办了光山县第七届电商糍粑节暨"光山十宝"产业发展论坛，举行了2022年信阳市八县两区农产品上行研讨会；光山电商在县域农村电商培训品牌打造、基地建设、完善电商生态体系建设等方面均取得了显著成绩，创建了"直播带货+产业+产品+服务"农村电商发展新模式，入选了河南省乡村振兴典型案例，为商务部提供了"巩固拓展脱贫攻坚成果同乡村振兴有效衔接"的可复制经验。

2. 持续开展电商培训，为老区振兴提供人才支撑

成立电商培训学校2所，建设教学场地2 000米²，可同时容纳500人培训，配备教学设施设备近1 000台套，组建了40人的专业培训师资队伍，编写了系统的实用的培训教材，建立了完备的培训档案资料库。长期坚持培训，举办有初级班、中级班、高级班；培训学员涉及大学生、返乡农民工、"宝爸宝妈"、合作社负责人、复退军人、残疾人等。光山县自2014年开始，累计举办培训班212期，培训骨干学员12 000多人，学员来自全国各地；同时举办电商普及类的培训班，累计举办300余场，涉及5万多人。跟踪培养，建立学员培训档案，分班建立微群，电商办公室定期回访，开展继续教育，把被培训

人员变为真正的电商人，把素人变为电商达人，成为光山县社会发展的主力军，也是未来经济振兴的骨干力量。

3. 建设现代商贸物流体系，畅通县乡村流通渠道

（1）进一步完善县级服务中心功能。建立了运营中心、研发中心、视觉拍摄中心、培训中心、人工智能中心、仓储物流中心等，进一步提升了对全县电商的服务水平。整顿调整建设乡村站点，扩大服务内容，提升服务质量。对原有乡村站点进行排查，关停了少数没有发挥功能的站点，并及时收回设备。对正在运行的站点进行升级，加强人员培训和站点管理。需要新建站点的按照"应建必建、建后必活"的原则，建好新站点。全县已建成 50 个乡村服务站点，实现了全县乡村全覆盖。整合物流资源、降低资费、提升时效和服务质量。成立了信阳市快递协会光山县工作站，整合了邮政、"四通一达"、顺丰、京东、安家、供销 e 家、益农合作社等物流资源，实现了县内线路统一规划、包裹统揽统派、同仓共配。特别是支持建设了光山县安家同城配送物流公司，共计投资 3 000 万元，建设了共配仓储中心 9 600 米^2，投入车辆 90 台，聘用从业人员 338 人，大大提升了全县物流仓储企业运营水平，同城 3 小时达，乡村 12 小时达，实现了资费每单下降 1 元的目标。

（2）在消费帮扶产品销售上，在充分发挥好"832"平台、河南省农购网、消费扶贫工作系统平台的同时，同步搭建县级销售平台，促进全县农村产品销售。一是建立益农信息社。新冠疫情防控期间，益农信息社积极利用信息进村入户平台及时搜集供求信息，搭建本地滞销农产品与需求对接微信群，以全新的社群模式，解决了老百姓的基本生活物资需求，同时，也将农产品销售落地本地化，解决了疫情防控期间县属种植养殖合作社的产品库存积压问题。二是县领导亲自带货。县农业农村局、县林茶局、县融媒体中心、白雀园镇党委政府联合主办"光山信阳毛尖首采"暨县长直播带货启动仪式在白雀园镇大尖山生态有限公司举行，"网红县长"利用直播平台帮助销售白雀园镇信阳毛尖茶 1 000 余千克，市场总价值约 20 余万元。三是建立"光山号""智慧电商""光之蓝"等电商平台。为了搞好农产品产销对接，推动消费扶贫工作，县委、县政府专门开发和启动了"光山号""智慧电商""光之蓝"等电商运营平台。目前，平台每天下单量超过 1 000 单，用户越来越多，每日平台浏览量超过 1 万人次以上；持续开展了特色农副产品进机关、学校、医院、企业、交易市场（农贸市场、超市）活动，畅通渠道，搭建平台，帮助销售产业扶

贫基地以及脱贫群众、带贫企业的特色农产品，共组织开展线上线下消费帮扶活动 36 余场次，累计消费金额 1 995 万元。

（三）未来发展计划

光山县正处于巩固脱贫成果衔接乡村振兴的过渡期，为了持续提升县域电商水平，光山县将瞄准一个目标：持续打造全国电子商务进农村综合示范县，当好排头兵。抓好两个关键：人才培训和产业发展。关注三个重点：人才队伍建设、产品开发和技术服务。打好四张牌：以"光山十宝"为代表的农副产品、羽绒服装、直播带货、人工智能。实施五大举措：一是持续不断加强电商培训，锻造电商精英队伍，让更多的人享受电商发展红利；二是抓好产业发展；三是持续开发好"光山十宝"等为代表的 50 款优质农特产品，聚集信阳市八县两区产品到光山，形成光山网货的强大支撑；四是注册商标，加强知识产权保护；五是建立健全电商发展的生态体系。

在"十四五"开局之年，光山县成功申报了商务部"县域商业体系建设首批示范县"项目，光山电商办将不负众望，务实重干，奋发有为，做大做强以直播带货和数据标注为代表的数字经济，继续大力发展"光山十宝"产业，使生产基地标准化，从产业布局出发，让一二三产融合发展，壮大光山集体经济，持续在落实"两个更好、加快老区振兴发展"上做示范、走前列！

十四、河南省温县——聚力"引、建、融、带"助推农村电商再上新台阶

河南省焦作市温县强化资源整合、健全链条、转型升级、巩固成果四项举措，聚力政府引导、电商体系建设、特色产业融合、富民增收带动四项抓手，推动农村电商快速健康发展。2021年温县电商交易额44.53亿元，同比增长17.55%，其中，农产品交易额16.2亿元，同比增长21%，怀药产品网络零售额9亿元，同比增长16%。其发展模式在促进农产品销售，优化提升农产品产业链和供应链，带动农产品品牌化、规模化、标准化、数字化转型升级，助力农民增收、助推乡村振兴等方面具有一定的借鉴与参考价值。

（一）强化资源整合，聚力政府主导如何引

1. 强化组织领导

成立了以县长为组长的电子商务发展工作领导小组，制定《温县电子商务进农村工作方案》，明确了工作目标、主要任务、实施步骤及保障措施。

2. 强化政策支持

出台了《温县农村电子商务发展扶持奖励办法》《温县电子商务进农村综合示范项目专项资金管理办法》《温县电商扶贫工作方案》等10余份政策文件，采取以奖代补等方式，加大对电商企业的支持力度，累计向怀山堂、富熙源等13家企业发放65万元电商扶持资金。

3. 强化人才培育

结合温县实际情况制定编写农村电商标准化教材，培训对象涉及基层党政干部、涉农企业负责人、农村电商创业人员、传统企业、电商企业、农民专业合作社、农民团体等。培训内容涵盖电商基础知识政策，淘宝、天猫、拼多多和抖音开店流程，直播带货方法等，目前累计举办各类培训班152期，培训13 890人次，包括乡镇干部、村两委班子、驻村第一书记1 000余人。在15

个贫困村培育电商扶贫带头人 12 人，其中，李芳、康明轩获得"河南省 2019 年度优秀电商扶贫带头人"称号。

4. 强化宣传指导

累计发放电商扶贫公益扇子 6 000 把、宣传公益春联 4 600 套、宣传彩页 2 000 余份，墙体、横幅标语 1 500 余条，张贴政策海报 300 余份，进村入户宣传 86 次，充分发挥政府在电商发展过程中的"旗手""推手""帮手"作用。

（二）强化健全链条，聚力电商体系如何建

1. 搭建温县电子商务公共服务中心

服务中心于 2020 年 10 月建成投用，内有 2 个中心和 4 个功能场区，即县域公共服务中心、大数据展示中心、产品展示区、创业孵化区、直播摄影区、多功能培训区，为电子商务企业及个人提供政策咨询、人员培训、孵化支撑、农特产品展示、电商活动策划方案等服务。

2. 建设农村电商服务站

充分利用乡村超市、邮政便民服务站、益农信息社等现有资源，选取地理位置优、人员流动大的店铺，升级改造 150 个农村电商服务站，提供代购代销、收发快递、费用缴存、小额存取、职业介绍等便民服务，实现全县行政村电商服务覆盖率逾 90%。

3. 完善县乡村三级物流体系

与瑞通、邮政合作共建 2 个县级快递物流仓储分拣中心，具备物流服务和云仓服务功能；整合县域申通、中通、圆通、韵达、邮政 5 家快递物流，设计 4 条县乡配送路线、30 条乡村配送路线，基本实现所有快递 24 小时内配送到位。

（三）强化转型升级，聚力特色产业如何融

1. 强化特色农产品示范

对温县四大怀药、碾馔等特色产品进行摸底调查，形成产品报告；制定《温县农产品网络销售流通标准》，打造县域公共品牌"温县农耕"，建设农产

品全程可追溯体系；发挥温县怀药协会、龙头公司优势，打造铁棍山药统购平台，挖掘温县铁棍山药产业价值；创新电商"产供销"+"仓储配"一体化发展模式，2021年实现怀药电商销售额9亿元，被河南省商务厅评为省级完善县域特色优势农产品供应链示范县。

2. 强化园区示范

成功打造鑫合电商示范园，以四大怀药等农特产品为支柱，形成健全的电子商务企业生态链，包含电商运营配送服务中心、物流配送中心、自动化清洗加工车间、分拣包装车间、仓储冷库等。拥有"鑫合农庄"旗舰店、"雅买佳"旗舰店、"千禧"电子商务专卖店等9家网络平台旗舰店。

3. 强化品牌示范

按照《温县电子商务奖励扶持资金申报办法》，聚焦优质企业实施培育政策，爱家乡公司的温县铁棍山药颗粒粉等20余种网销产品实现线上销售额6 000余万元。

4. 强化创业示范

鼓励大众创业、万众创新，为返乡大学生、农村青壮年在电商培训及就业上提供政策和资金扶持，扶持资金达33万元。返乡创业大学生常胜涛开设的怀涛大学生创业淘宝店销售温县铁棍山药，日销量达2 000单，年销售额达5 000万元。返乡创业大学生王亚鹏创办焦作市富熙源怀药有限公司，深耕生鲜电商和温县铁棍山药供应链多年，旗下聚怀斋品牌是电商生鲜蔬菜行业的知名品牌，是京东自营的战略合作供应商以及盒马鲜生的线上供应商，在铁棍山药供应链领域，初步形成温县铁棍山药种植、分拣、存储、电商实体销售全供应链体系，2021年销售额8 000万元，解决就业150人，成为温县电商销售山药的领头羊。

（四）强化巩固成果，聚力富民增收如何带

1. 深度融合电子商务与扶贫开发

制定《温县电商扶贫工作计划》《温县电商扶贫政策》等，在服务站点建设、农产品上行、人员培训、公共服务等方面向贫困村倾斜，为贫困户提供免费电商培训、免费办公场所，帮助贫困户销售滞销农特产品。通过免费电商培训、电商企业回购贫困户农产品、为贫困户提供就业岗位、助力贫困村贫困户

农产品线上销售等方式，实现贫困人员持续受益。

2. 设立农村电商扶贫服务站

贫困村电商服务覆盖率100%，具备代买代卖、充值缴费、电子结算和快递收发等功能。

3. 突出企业帮扶

项目承办企业与黄庄镇南韩村、北冷乡西保封村签订电商帮扶合作协议，帮助贫困户开设线上店铺；带动焦作市富熙源怀药有限公司与王志军等多名贫困户签订收购协议，以高于市场价收购贫困户产品；温县三和堂怀药有限公司、怀山堂生物科技有限公司带动贫困户就业，对有劳动能力的贫困户，劳动用工优先考虑，劳动报酬不低于1 800元/月；怀山堂生物科技有限公司积极租赁贫困户土地种植山药，山药种植过程托管给贫困户，让贫困户"种地不花钱、管护不费事、销售不发愁"，贫困户从种植到收获不用自己投入并可获取利润，从而实现精准脱贫。

十五、湖北省罗田县——乡村电商直播助力消费帮扶　大别山革命老区农产品"走红"全国

近年来，大别山革命老区湖北省黄冈市罗田县充分发挥农产品、乡村旅游、人才创业、乡村电商扶持政策等优势，以黄冈市北纬三十度乡村电商有限公司为主体大力开创的乡村第一书记助农直播新业态，切实地推动了大别山革命老区受新冠疫情影响地区的农产品上行，让贫困山区农产品及旅游文化等更好地对接全国消费市场，提高农业产业综合效益、增加农民收入，成为革命老区产业稳定发展的"增收链"和新兴的"致富链"。

（一）主要做法与工作成效

1. 发展乡村电商直播，助力农产品销售增收

抢先抓住电商直播窗口期，将直播间搬到农民的田间地头，将镜头对准乡村振兴的产业。建成燕儿谷电商助农直播基地，创建将特色农业产业与乡村电商融合发展的消费扶贫方法，以"网货农产品+接地气乡村第一书记助农直播+智慧物流"的模式发展乡村电商直播。湖北省人大代表、燕窝湾村党支部第一书记亲自上阵，以黄冈乡村第一书记的身份走进直播间担任助农带货主播，全力拓宽农产品线上销售渠道。目前，黄冈乡村第一书记助农主播谷哥直播间已经进入全国"三农"主播的第一方阵，单场成交金额从第一场的3 000元发展到如今的180万元，助农总成交额已超过8 000万元，农民种植的萝卜、莴笋、茄子、羊肚菌、小香薯、板栗等生鲜农产品通过直播间进入现代市场供应链，电商订单量不断增加，消费帮扶成为重要推手，仅2022年7月通过消费帮扶卖出的农产品销售额就已达到600万元，大别山地区困难群众增收30万元。

2. 强化质量效益，擦亮农产品品牌

大力撮合优势农产品上行，在充分发展绿色有机农产品的基础上，重视发

掘地理标志农产品的优势和潜力，以提升农产品质量效益为中心，以两个"三品一标"（无公害农产品、绿色食品、有机食品和地理标志登记农产品；品种培优、品质提升、品牌打造和标准化生产）为核心内容，建设农产品品牌，以创建国家有机产品认证示范区为契机，深入挖掘大别山农业资源，培育具有大别山特色的知名产品，聚力打造区域特色品牌，让大别山农业品牌真正'走出去'。同时，深入农业生产一线走访调研，发掘地方优质农产品，在直播间讲好产品故事及背后的乡村文化故事。罗田板栗、罗田天麻、九资河茯苓、黄梅鱼面、麻城菊花、红安苕、英山云雾茶、蕲春蕲艾、随州香菇等国家地理标志产品已经在谷哥直播间亮相并在全网火爆热销，罗田板栗畅销600余吨，销售业绩最高纪录进入同时段全国带货榜第一名，产品附加值大幅度提升，形成大别山地区产业优势和品牌规模增长效应。2022年4月7日，湖北省委副书记、省长、副省长等一行到燕儿谷调研，进入谷哥直播间视察，称赞燕儿谷探索出了一条解决农产品上行难的有效路径，擦亮了黄冈以及湖北地理标志农产品品牌，拓宽了片区农民增收渠道，创建了共同富裕的典型样板。

3. 打造"三农"主播共享平台，带动市场主体孵化

创建集直播带货、短视频内容制作培训、网络电商达人主播工作室、网络主播及短视频电商从业人员培训孵化等电商创业就业为一体的综合基地，迄今为止平台吸引了全国各地近3万名乡村电商从业者实地参观、考察和学习。所有的"三农"主播皆可在这个平台上，发挥电商进村、快递进村以及新媒体营销的强劲影响力，引领带动农业经济的转型升级，实现有村播、有主播等多层次的助农共享平台。基地先后组织开展了黄冈乡村第一书记助农主播培训、黄冈市村党组织书记电商业务示范培训，以及农民专业合作社、家庭农场、种植大户等新型农民合作组织电商技能培训，直接带动燕儿谷片区6个村新增市场主体146家，年培训新型职业农民5 000名，提供就业岗位3 000多个，带动农户增收3 208户，新孵化市场主体为村里增收超过3 000万元。

4. 智慧物流为农产品赋能，打通乡村电商冷链运输链条

拥抱5G时代，抓住短视频兴趣电商风口，率先与湖北移动合作开通首个5G乡村工作站，与顺丰集团合作成立全国首个乡村快递合作点，运输生鲜的车辆每天直达村里，快递员每天上门打包，进行优先中转、优先派送，为销售农产品搭建绿色邮寄、48小时顺丰速达通道。2023年3月，率先开通了从大别山乡村到武汉乃至全国的首条冷链物流专线，填补了大别山农村电商冷链货

运的空白，通过智慧物流为地方特色农产品的上行和产销融合注入了新势能。

（二）经验与启示

1. 因地制宜，发展优势产业

罗田县地处大别山革命老区腹地南麓，好山好水好生态孕育了天然绿色的农产品，但因为交通闭塞，游客进不来、产品出不去，优质农产品卖不出好价钱。为支持革命老区发展优势产业，打开大众消费市场，将因地制宜开发优势产业与发展乡村电商直播新业态相结合，努力让电商产业成为脱贫攻坚的"新引擎"。同时，通过直播电商这个业态，倒逼更多的改革创新，尤其是在知识产权、有机食品、绿色食品方面，实现农产品的分级分类、优质优效，把黄冈乃至湖北的农业产业化提到一个更高的水平，为农民增收、消费帮扶助力乡村振兴找到一条"全新之路"。

2. 创新电商业态，畅通销售渠道

为将产业优势、人才优势和区域资源优势集中转化为长远的地区经济优势，黄冈市北纬三十度乡村电商有限公司采取对接新型农民、畅通渠道等促进消费的"桥梁"措施，推动消费帮扶工作，将产品与市场有机对接起来，进一步推动产业转型升级。借助电商平台，大别山革命老区的罗田板栗、茯苓、天麻、菊花等主导产业有了更广阔的发展市场。

3. 培育乡村电商市场主体，提供造血式"扶贫"的内生动力

充分利用平台现有的网络资源和人才优势，在持续对农户进行电商培训、推进培育地方"三农网红主播"的同时，融合"产业+"理念培育地方特色农业品牌，立足乡村电商的核心产业——"三农"产业，打通农产品、农副产品的供应链条，还长期为乡村电商产业培育、孵化、输送技术型与服务型人才，形成产业发展长效机制，从而将电商产业所带来的红利辐射到每一个市场新型主体，让所有人都能享受到实实在在的收益。

（三）未来发展计划

1. 拓展乡村电商消费扶贫对象范畴

除常态化地加强消费扶贫支持力度以外，还要着力激发全社会参与消费扶

贫的积极性，加快电子商务线上线下融合发展。积极组织种植养殖专业户、家庭农场、农民合作社、农业企业等优势生产经营主体进入乡村电商生产与消费市场，通过优先采购脱贫户农产品、聘用脱贫人员务工、在脱贫村流转土地等方式，带动更多脱贫户增收致富。

2. 完善产销对接平台搭建

集中规划和发展农产品产业园区，建立助农销售运行的长效机制。充分利用大别山革命老区创新创业环境，结合各级扶持政策，凝聚各要素主体合力，组织一系列地区优质农特产品开展现场产销对接推介会，让更多优势农产品资源进入市场，具体落实到深化与结对市县的交流，推动大别山地区优质消费帮扶产品走出去。

3. 延续和创新电商直播消费帮扶机制

重点是农旅直播电商产业的融合发展，不断推动传统休闲农业电商产业提挡升级，不断提升"绿水青山就是金山银山"的转化率，利用直播新业态将大别山地区乃至湖北省的好产品、好风景宣传出去，解决特困地区农产品上行的问题。

十六、广西壮族自治区横州市——"互联网+大数据+茉莉花"电商引领做强特色产业

近年来，广西南宁横州市依托茉莉花等优势产业，以大数据和信息化技术为驱动，以电商进农村综合示范为抓手，大力发展电子商务，引领做强做优特色产业，横州茉莉花（茶）等主要特色产品已经搭上"电商快车"销售到全国各地。2022年1—6月，全市网商数量5 434家，比2021年12月增加282家；带动就业创业超过1.6万人；实现电子商务交易额29.1亿元，同比增长12.4%；网络零售额11.9亿元，同比增长10.6%，其中，农产品网络零售额6.3亿元，同比增长36.9%。

（一）搭建电商服务体系，打造产业发展"新引擎"

1. 建立电商公共服务中心

创建面积约7 000多米^{2}的电商公共服务中心，可容纳60多家电商创业团队和200人入驻创业，提供免租金、免水电、免网络"三免"服务，每年为创业者降低创业成本近200万元。公共服务中心引入第三方服务商提供创业指导、管理咨询、创业培训、创业融资、产品检验检测、质量追溯等增值服务。目前，入孵企业42家，创业人员150人。该中心2019年入选农业农村部"全国农村创新创业孵化实训基地"推介名单，2020年获得"自治区级创业孵化示范基地"称号。2020年12月，国务院办公厅批准创建国家第三批大众创业万众创新示范基地，横州市成为广西唯一获批县（市）。

2. 建立县乡村三级物流服务体系

初步整合菜鸟乡村、邮政等65家快递物流企业进村，带动乡村社区电商发展，畅通了"网货下乡农产品进城"流通渠道。当前，该市农产品从农村到县城的快递价格降至0.3～0.5元/单，全市发往全国各地的快递总体价格下降至3~6元/单。

（二）完善质量品牌体系，培育电商"新优品"

1. 打造特色区域品牌

大力打造"横县茉莉花""横县甜玉米"等区域公用品牌，"横县甜玉米"2019年登记为国家地理标志产品。目前横州市"三品一标"包括无公害农产品11个、绿色食品4个、有机食品14个、地理标志产品5个。开展"村邮乐购"杯系列青年电商创业大赛，培育60多种电商创意产品，使横州市品牌产品畅销网络，在2021年中国—东盟博览会直播带货活动中，横州茉莉花茶成交额位居第一。

2. 建立防伪溯源数据信息体系

引进第三方开发横县特色产品品控溯源系统，针对所有产品进行全流程管理，实现来源可查、去向可追、责任可究，横州市特色产品销往全国30个省（区、市）的250个市，产品质量问题实现"零投诉"。

3. 开展线上线下推介宣传

组织名特优产品参加中国—东盟博览会、中国国际茶叶博览会、粤桂扶贫协作消费扶贫对接活动、广西农业丝路行—马来西亚推广节、中国国际农产品交易会、广西"三月三"电商节等国内外农产品交易会、展销会，结合"党旗领航·电商扶贫 我为家乡代言""中国（横县）淘宝茉莉花文化节""世界茉莉花大会网络博览会""电商年货节""县长直播"等活动，打造了一批叫得响、质量优、特色显的农村电商品牌。

（三）搭建"数字茉莉"大数据平台，升级电商交易"新模式"

以横州主打产业茉莉花为例。近年，横州市整合政府、花农、花商、加工企业等茉莉花产业链参与方，贯通茉莉花种植、生产、流通、产业服务的各个环节，搭建起管理、交易和服务的信息体系，逐步实现智慧种植、优化供需、科学定价、智慧交易、全程监管，改进升级产业链和现代化服务。

一是建立茉莉花生产数字化试点基地。以物联网技术实施源头把控，设立茉莉花生产信息采集点，把采集到的数据传送至控制中心，实时掌握茉莉花产量、销售情况与市场价格。如今，按照标准种植的茉莉花花期普遍延长1~1.5

个月，每亩增产约 100 千克，花农每亩综合增收 2 000 元以上。

二是打造"数字茉莉"交易平台。通过交易平台，花农可以通过微信、App 等实时了解茉莉花市场交易价格等信息，提高了与花商议价的能力；花商可以通过平台了解市场动态，及时掌握进场节奏，并利用智能电子秤公平计重，再通过扫描花农的二维码实现货款支付；市场监管部门根据平台数据及时发布市场指导价格，平台提供了数据支撑，让政府及相关行政部门了解产业的发展形势，加强了管控，避免了鲜花交易信息的不对称。

（四）大力延伸产业链，挖掘电商发展"新增长"

横州近年来采取有力措施积极完善产业链供应链体系，实施茉莉花产业集群"1+9"发展战略，按照"强龙头、补链条、集聚群"思路，聘请陈宗懋、刘仲华院士为茉莉花产业首席发展顾问，以产业化种植为出发点，以基地加工为着力点，以科技创新为支撑点，着力发展茉莉花标准化基地，培育龙头企业，提升产品档次，扩大品牌影响力。目前茉莉花产业链延伸到盆栽、食品、旅游、日用品、餐饮、体育药用、康养等领域，茉莉花产业综合年产值达到125 亿元，其中，茉莉花盆栽年产值约 1 亿元。在石塘镇建立了 2 000 亩甜玉米标准化种植示范基地；在横州镇、马岭镇形成木瓜种植、加工、销售产业带，全县木瓜种植面积迅速扩大到 5 万多亩；同时，利用农副产品开发新产品，变废为宝，助推脱贫攻坚。

（五）建立人才培训机制，培育电商发展"新势力"

依托专业电商培训机构持续对县乡村三级干部、驻村第一书记、农民合作社、大中专毕业生、退役军人、返乡创业青年等进行电子商务知识普及和实操培训。同时，建立面向东盟国家的青年电商培训基地。截至 2022 年，累计培训 3.5 万多人次（含东盟国家 300 名高级青年领导干部），孵化培育了素氧茶业、杯杯香茶业、莉妃盆景等 110 多个在自治区、南宁市有影响力的青年电商创业团队及个人。素氧茶业公司负责人何成添 2018 年以来先后获得"广西首届高校毕业生十大创业明星""第十一届全国农村青年致富带头人"等称号，2021 年 12 月，校椅镇替汶村茉莉花盆栽育苗产业扶贫示范园（电商服务点）负责人闭东海被共青团中央、农业农村部授予"首届全国乡村振兴青年先锋"称号。全市网商数量由 2016 年的 1 000 多家提升至 2022 年的 5 000 多家。

（六）完善利益联结体系，促进电商发展"新融合"

几年来横州市通过"平台+网红直播"带货模式、"示范园+贫困户"扶贫模式、"电商+基地"示范模式等，支持电商企业和电商创业团队打造了 60 多个面积超 3 000 亩的茉莉花盆栽育苗基地，带动全市木瓜种植面积由 2 万多亩扩大到 5 万亩。农业企业利用电商平台发布需求信息，花农按照要求与公司合作生产，企业引进和推广新品种、种植新技术、设备、设施，农户负责种植，形成紧密型利益联结模式。通过专业大数据分析帮助企业精准预测市场，计算产能、成本和利润空间等，实现产品差异定价，以市场倒逼企业延伸产业链。同时，创新金融服务方式，提供"一键式"融资渠道，加速电商孵化发展。例如，横州以"数字茉莉"大数据作为支撑，为花企、花商、花农提供高效便捷的金融服务渠道，发行"茉莉花联名卡"，创新"花农贷""花企贷"等。引入评价与信用机制，给个人与企业的信用评分，实现最快 2 分钟放贷，解决茉莉花产业链上花农、收购商、加工企业等市场主体的融资难问题，银行信贷服务触手可及，实现了平台撬动金融支持的完美结合，政府把木瓜、茉莉花盆栽等小产品打造成大产业，引领群众脱贫致富，进一步巩固拓展脱贫攻坚成果，助推乡村振兴。

十七、四川省汉源县——电商助力地理标志品牌发展 地理标志助推乡村全面振兴

近年来,四川省雅安市汉源县不断推进地理标志品牌发展,坚持把电商赋能作为重要抓手,抢抓"互联网+农产品出村进城工程""全国邮政惠农合作项目试点县""国家级电子商务进农村综合示范县"等机遇,全面优化电子商务营商环境,引领带动乡村特色产业全面振兴,助力"汉源花椒"地理标志品牌发展,助推农民增收致富。

(一)多渠道助力汉源花椒销售

习近平总书记指出"小小电商、大大产业",汉源县注重在特色农产品销售上,借力电子商务促进小产品更好连接大市场。

一是打造特色"地方馆"。优化汉源花椒线上交易模式,通过阿里云在天猫开设"汉源花椒"官方旗舰店,借助邮乐网、易邮铺等邮政平台打造汉源花椒油"万单级"扶贫农产品。同时,开展跨平台合作,通过邮政引进天虎云商、FM946、拼多多等电商平台,提升线上交易能力,扩大汉源特色农产品市场影响力。

二是创建末梢"电商村"。扶持和引导花椒加工企业、合作社及经营大户共同搭建"你弄我农""远智养生"等电商平台,通过邮政企业举办面向村党支部书记、邮掌柜和村民的电商专题培训,培育电商人才,提升农民触网销售能力。目前,全县已开设村级农产品网店 372 家,注册农产品电商用户12 000 余家。

三是开设带货"直播间"。在线下召开产品推介会、新闻通气会,举办田园欢乐游采摘节等活动的基础上,在线上持续推动网络平台直播带货,与邮政"919 电商节"、山药视频团队、国内"网红"等直播平台联合开展汉源花椒直播带货。汉源花椒电子商务交易额突破 10 亿元,电子商务交易量占总交易量的 50% 以上。

（二）全链条促进汉源花椒产业升级

习近平总书记指出"产业振兴是乡村振兴的重中之重"，汉源县既立足特色资源，更关注市场需求，融合推动汉源花椒产业全链条升级。

一是抓源头品控。依托汉源花椒省级种质资源库和汉源花椒省五星级现代农业园区，建立"政府+企业+院校"新型合作机制，引进国内外优良花椒品种83个，培育本土优良品种7个，推广汉源花椒栽培管理技术标准10余套，汉源花椒良种覆盖率达100%。

二是抓产品延伸。坚持市场导向和顾客需求分类定位，建立花椒产业研究院，与14家科研院所建立合作关系，研发花椒啤酒、花椒面膜、花椒精油、花椒辣酱系列调味品等精深加工产品50余种，开发"汉源双椒"IP形象等系列文创产品60余种，有效延长花椒产业链条。

三是抓产业融合。坚持"延一接二连三"抓产业融合，深入推进农工、农旅融合发展，建成汉源花椒精深加工园区、中国花椒博览园、汉源花椒产业园游客接待中心。目前，已培育花椒加工企业14家，其中国家级龙头企业1家、省级龙头企业3家；汉源花椒综合产值超42亿元。

（三）深层次赋能汉源花椒品牌

习近平总书记指出"要打出品牌，这样价格好、效益好"，汉源县着力加大汉源花椒品牌建设，推动小小花椒树成为致富大产业。

一是数字物联赋能。与阿里云深度合作建立全国首个数字经济花椒产业示范园，推出阿牛农事App推送种植技术，通过实时数据分析可视化信息平台推动标准化技术落地到农事生产"最后一米"。让"科技"成为"新农具"，"数据"变成"新农资"，目前已有5万亩标准化特色产业基地实现数字化管理。

二是服务平台赋能。扎实推进一个汉源花椒交易中心、一个生态电商产业园、一个数字产业园、一个仓储冷链物流中心、一个品控溯源体系"五个一"工程建设，打造集电商管理运营、仓储物流于一体的县域电商公共服务平台。目前，已建成"无接触式"智能配送中心23个、农产品物流园3个。

三是营销推介赋能。持续登上北京电视台"解码中华地标"栏目,通过新加坡联合早报网、意大利侨网等20余个海内外媒体双语网站宣传推介汉源花椒;积极参加农业博览会、中华品牌商标博览会等展会,以及花椒产业发展峰会、贡椒文化论坛、品牌推介会、天府知识产权峰会等活动,全面提升汉源花椒品牌知名度和美誉度。目前,汉源花椒品牌价值已达49.65亿元。

十八、甘肃省陇南市——自建电商平台的助农增收之路

陇南电商平台是甘肃省陇南市重点扶持的，以"保供抗疫促消费"为主要目的的自建线上电商平台，平台不仅具备农产品及各类生活物品的直销功能，还能满足餐饮娱乐等行业企业的入驻需求。自2020年7月25日上线至今，平台发展会员42.19万人，入驻商家792户，累计交易11.35亿元。

（一）新冠疫情期间诞生的抗疫保供小能手

1. 平台诞生的背景

陇南市牢固树立抓电商就是抓脱贫、抓经济、抓产业、抓发展、抓乡村振兴的理念，因势而谋、顺势而为、乘势而上，全市共培育各类网店1.4万家，累计电商销售额突破300亿元。2020年7月25日，为解决新冠疫情防控期间同城配送业态多平台业务发展过程中政府扶持资源分散、服务水平单一等难题，整合了全市供应、运营、配送等资源的陇南电商平台上线启用。

2. 平台的发展情况

2020年10月，陇南电商平台各供货企业联合成立陇南电商平台供应链商业联合会，通过电商平台将市内外387家供应商组织起来，通过搭建平台线上云仓系统，着力解决"一车拉不完，两车不够拉"的供应窘境，县（区）运营公司之间实现了无差别调货。平台对内服务疫情防控，解决种植养殖户产品滞销难题，抢抓发展新业态，做强同城配送；对外服务东西协作、中央定点帮扶，拓宽销售市场，壮大农产品销售规模，带动相关产业发展。自2020年7月25日上线至2022年，陇南电商平台已发展会员42.19万人，入驻商家792户，上架各类产品20897余款，累计交易37.4万单，累计交易金额11.35亿元。

3. 平台的运营机制

陇南电商平台按照"1+9"架构运行，建设之初市级平台由国有控股陇南

富民供应链中心有限公司运营，各县（区）推荐有运营经验的电商企业承接9县（区）端口运营，解决团队和运营经验问题。随着发展需要，由9县（区）运营公司共同发起成立了陇南玖嘉电商平台供应链管理有限公司，替代陇南富民供应链中心有限公司，形成了"1+9"利益连接机制，平台的市场适应能力逐步提高。同时，通过建立"农户+合作社+基地+平台+社区店+直营店"的机制，连接了宕昌牛羊肉基地、成县樱桃基地与蒜薹基地、西和白菜基地与马铃薯基地、徽县生姜基地等，不仅让本地农产品通过电商平台顺利卖出去，实现增收，也让电商平台自身发展形成了稳定、高质量的产品供应系统。

4. 平台的配送体系

陇南市自2015年开始，已实现国家电子商务进农村综合示范项目全覆盖，并且成县、宕昌县、康县获得了"二次支持"，全市建成县级公共服务中心9个，电子商务乡镇服务站199个，村级服务点2 338个。陇南电商平台充分利用电子商务服务站和农村三级物流体系，实现了到村配送。平台以市场需求为抓手，赋能村级服务点，激活服务点应有的功能，推动常态化有效经营，在城区建设同城配送中心9个和社区门店8个，发展社区电商，在市外建设陇南电商异地配送中心18个，其中，青岛作为东西协作城市建设异地配送中心9个，在北京、青岛、成都、重庆、深圳、海口、郑州等重点城市建设配送中心9个以及配送点3个，在宝鸡、白银、重庆长寿等非重点地区建立配送中心，配送中心不仅是农产品展示展销中心，也是配送环节的前置仓，不仅缩短了配送线路，同时有效降低了配送成本。

（二）帮销促产，想方设法拓销路

1. 大数据助农促消费

陇南电商平台借助陇南电商数据采集分析应用平台，将上线以来沉淀的各类数据进行分析，形成可视化展示和结论性指导意见，为各县（区）运营公司提供营销参考，进一步放大平台数据红利。建设"1+9"电商数据采集分析应用系统，"1"指市级平台，"9"指9县（区）子系统，市电商部门负责搭建全市电商数据系统整体架构，开发9个县（区）电商通用的数据应用工具，9个县（区）电商部门负责搭建与市级电商数据架构一致的县（区）独立电商数据系统，并与市电商数据系统实现整体、高效对接。在系统建设中，不断扩大数据采集范围，除国家规定的涉密数据外，打破系统壁垒、拆掉数据"烟囱"，开放接口、共享数据，对农业产业、加工仓储、平台销售、物流配送、社区村点、市场反馈等数据能采尽采、能集尽集，让数据成为陇南电商的"隐形"财富。通过对电商数据进行汇总、统计和分析，将电商数据分析结果实时反馈给各县（区），科学指导农业生产、网货开发、物流快递和市场营销等环节，发挥数据生产力作用，为农民赋能，为农业赋力，为农村赋新。

2. 电商活动促消费

积极开展"走进原产地""牵手中石油　共推好产品""纾困520大促618""民企陇南行"，以及中国兰州投资贸易洽谈会、重庆中国川渝火锅产业大会暨武都花椒交易会等产销对接活动，以"年货节""三八妇女节""520""618""七夕"等为主题开展线上线下营销活动27场次，依托陇南电商平台先后自主策划各类展销活动58场次，推进了社会消费品零售总额增长。以武都区为例，仅2022年通过各类活动带动电商销售达6 300余万元。

3. 电商政策促消费

陇南市出台了《陇南市电商企业纾困帮扶工作措施》《关于开展电子商务纾困帮扶促消费工作的通知》等文件，形成了"市局领导—市局科长—县区主任—县区职工—纾困企业"的帮扶机制。各县（区）也在政策、资金等方面给予支持，徽县出台了《徽县2022年上半年工会促消费活动方案》等文件，向县财申请促消费专项资金200万元，落实工会资金297万元，撬动全县消费增长。

4. 东西协作促消费

以东西协作为契机，组织企业在青岛对口帮扶城市开展消费订单对接活动，建设青岛陇南馆1个、市辖区直营店9个，2022年上半年全市对接东西协作消费订单1.72亿元。同时，各县（区）也积极对接，文县支持青岛即墨的印象文县特产店及电商经营主体开展东西协作消费帮扶集团采购活动，康县的对口帮扶单位中国建筑集团一次性采购康县农特产品20余种，共计200余万元，有效解决了全县农特产品销售难题。

5. 产地直营促消费

陇南市先后在青岛、北京、深圳、海口、重庆、成都、济南、郑州、广州、杭州、昆明、西安、宝鸡等地建设电商异地直营店28个，累计建设面积达 7 511 米²。同时，在陇南电商平台开通了青岛崂山区、李沧区、城阳区，以及西安碑林区、杭州西湖区等地区直营店的线上门店，与全市电商企业"同频共振"，2022 年上半年各直营店销售额达 2 160.54 万元。

6. 网货开发促消费

各县（区）积极扶持网货开发，宕昌县出台了《哈达铺中药材商贸物流园区电子商务奖补方案》，对全县的新品网货进行奖励。通过积极推行网货开发业务，武都花椒、橄榄油、崖蜜，成县核桃，以及康县木耳等农特产品影响力不断扩大，祥宇橄榄油、天泽香花椒、强娃酸菜等一批企业品牌知名度不断提高。同时，陇南市培育了一批具有"头雁效应"的供应链电商龙头企业，严控生产、包装、仓储、物流、销售流程，以"一县一品"标准和"甘味"品牌建设为主线，积极推进普通商标、知名商标、著名商标、驰名商标申报，认真开展产品食品安全（SC）认证以及"三品一标"申报工作，在此基础上，加快构建产学研协同的新品网货研发创新机制，不断丰富山地特色农业内涵，进一步加强农产品标准化建设，扩大了陇南电商品牌的市场影响力。

7. 直播带货促消费

积极策划实施了《"走进原产地"陇南市 2022 年乡村振兴短视频大赛暨乡土电商人才能力提升培训方案》，鼓励引导各行各业积极通过短视频、直播方式宣传推介自身相关业务，为电商业务发展导流。活动启动以来，各县（区）积极行动，紧抓樱桃、马铃薯、蜜桃、蜂蜜等特色应季农产品上市时节，组织各直播营销团队 235 人走进 53 个乡镇，开展直播预售、销售活动 57 场次，销售农特产品 380 多万元，培育培训直播电商带头人、创业青年、留守妇女等多类型乡村振兴电商人才 1 180 人次。

8. 电商培训促消费

围绕陇南电商发展现状，充分发挥甘肃乡村振兴学院、各县（区）电商培训机构的作用，重点培育乡村电商振兴官、乡村网上卖货员、村点末梢电商从业者、电商主播，以及网货研发、品牌打造、电商运维等专业人才。组织县（区）、乡（镇）分管领导及电商专干外出考察学习，2022 年上半年累计完成各类电商人才培训 4 225 人次，培训学员实现电商销售 1 000 多万元。

（三）升级平台，服务职能更贴心

1. 业态不断丰富

2022 年 5 月 20 日，陇南电商平台实现由单一的微信小程序 1.0 版，升级为小程序、App、H5 三端综合应用的 2.0 版。升级后的平台功能更强，服务范围更广，流量用户更多，增加了日用消费品、汽车销售、加油站、餐饮住宿等服务类目，文县、徽县等县（区）职工福利采购在陇南电商平台同步进行，武都区端口依托 10 个社区门店让本地瓜果蔬菜率先走上本地人的餐桌。

2. 多方争取资源

2022 年 7 月，陇南市政府筹措 100 万元促消费优惠券在陇南电商平台发放，限额以上及近限企业纷纷入驻平台享受优惠措施，刺激了市场消费，拉动了市场经济，推进了社会消费品零售总额增长，将税收留在了当地。发展农村电商平台是疫情防控常态化下激活经济的有效手段，也是乡村振兴中的新引擎，陇南电商平台紧盯电商发展新业态、新形势，坚守解决农产品卖难问题的初心，积极投入县域商业体系建设，在乡村产业振兴、人才振兴、文化振兴、生态振兴、组织振兴中发挥了重要作用。

3. 助力乡村振兴发展

陇南电商平台同城配送服务不仅解决了新冠疫情期间陇南人居家生活物资所需，也帮助 1 300 余家种植养殖农户解决了 4 635 吨生鲜产品的销售难题，以及 300 多人的就业问题，带动相关产业链条 1 000 多人实现务工增收。通过销售带贫、供应端合作社带贫、劳务带贫、让利营销等多种方式齐发力，强化了市场与产业、市场与产品、市场与农户的有效连接，实现助农增收，助力乡村产业兴旺和全面振兴。

（四）疏浚解困，积极履行社会责任

1. 稳价保供，义不容辞

为了确保广大市民能及时吃上本地新鲜蔬菜，陇南电商平台建立起了"农户+平台+配送"信息联动机制，每天通过后台数据分析，向农户下达采购订单，采购人员上门采购，平台上架销售，实现产销一体推进，保证每天上架的菜肉蛋奶等农产品新鲜优质。礼县建成近 650 米^2 的陇南电商乡村配送调度中心,宕昌县、成县紧急启用新建的同城配送中心,徽县为 213 个行政村配备公益性岗位,激活村级服务点,下沉服务市场,加快了农产品出村进城和生活物资供应双向流通。同时,陇南市电子商务发展局先后筹措资金 20 万元,支持陇南电商平台发放新人券、配送券,助力解决新冠疫情期间生活物资配送难题。

2. "三超一配",网格化高效配送

为了更好地服务居民,陇南电商平台武都端陆续开设 1 家总分拨中心和10 家社区线下配送店,每个社区店采取"三超一配"的经营模式,"三超"是集日用品超市、农产品超市、快递超市为一体的超市群,"一配"是免费提供配送上门业务,同时配备 20 名配送人员,保障了配送力量。为了提高配送效率,在武都区电子商务中心的指导下,陇南电商平台武都端创新开展"个十百"网格化配送模式,即一个陇南电商平台武都端总分拨中心+10 家社区服务店+近 100 家快递与外卖配送专区服务点,后台收到订单后,由总分拨中心根据配送地址自动配发给所在社区,再由社区配送人员配送到指定的快递与外卖专区(快递与外卖专区是区电商中心为了配合新冠疫情防控工作专门搭建的快递、外卖临时收取点,专区由专人管理,定时消毒,对寄存快件、外卖等物品进行消毒后等待接收)。通过"个十百"网格化配送模式,极大地提高了陇南电商平台武都端配送效率和安全保障,实现社区内最快 5 分钟送达。

3. 守望相助,风雨同担

新冠疫情防控工作开展以来,陇南电商平台积极响应各级党委、政府疫情防控总体部署,践行社会责任,彰显企业担当,助力疫情防控。陇南电商平台各县(区)端口始终将"时令生鲜助销"作为应尽义务,先后帮助成县蒜薹、成县卷心菜、徽县西瓜、西和西瓜等农产品在全市各县(区)销售,解决了时令农产品的卖难问题。同时,平台积极参与社会公益事业,以武都区为例,主动为城区疫情监测点工作人员送去了 2 万多元方便面、酸奶、矿泉水等生活物资,主动慰问月照乡留守儿童和孤寡老人 26 名,为他们送去了价值6 000 余元的米面等物资。另外,陇南电商平台在陇南市委、市政府的委托下,为甘南藏族自治州捐赠了价值 50 万元的各类抗疫物资。

十九、新疆维吾尔自治区和田地区——打造特色发展模式　聚力电商助农增收

近年来，在和田地委、行政公署的坚强领导下，和田地区抢抓国家"互联网+"战略发展机遇，以"国家级电子商务进农村综合示范项目"和地委"2+1"电商产业发展框架为导向，2020年成为全国唯一地州市国家级电子商务进农村综合示范整体推进地区。自整区项目开展以来，和田地区积极建设完善和田地区电子商务公共服务体系、地县乡村四级物流服务体系、公共品牌库及品控服务体系、电子商务人才培训体系、农产品上行体系，聚力电商助农增收，大力推进和田地区电商产业发展，推动农村一二三产业融合。

（一）构建地县乡村四级公共服务体系

1. 充分发挥地区中心公共服务职能

2021年，和田市电子商务公共服务中心经数字化改造升级为和田地区（市）电子商务公共服务中心（以下简称电商中心），按照"整合资源、协同发展"的原则，两大中心一地两用，互补共生。运营期间，电商中心积极对接和田地区律师协会、和田地区旅游协会、银行、财会公司等单位提供法律援助、执照办理、新媒体运营、营销推广、产品拍摄、宣传报道等公共服务，充分发挥地区电商公共服务中心枢纽作用，增强公共服务能力，凝聚电商产业发展合力。电商中心搭建了和田地区电商大数据系统平台、抖音商城、"和阗优品"线上云展厅；线下展厅入驻了8个县（市）区域公共品牌、120余个知名企业品牌，共520余款和田地区知名农牧、手工艺品；孵化了16家电商企业、个人创业团体，引入并扶持全地区电商百人团成员常态化开展公益性助农直播和商业性直播带货工作，为企业、返乡大学生、创业达人、电商爱好者、电商站长、民间艺人、待业妇女提供了3 200余次电商服务，孵化280余人从事电商工作就业增收，营造了良好的电商氛围，联合和田地区邮政分公司，引导12家和田玉直播团队入驻中心常态化开展和田玉直播，每天销售金额达180

余万元,极大地助力了和田玉产业电商化发展。

2. 打造地区级20个电商直播示范点位

通过调研和田地区"千村直播 万人带货"直播点位,在全地区打造了以钟秀文化、洛蓝古丽、玉都阿祖为代表的20个电商示范直播间,统一配备了直播设施设备、制定了电商示范直播间管理办法,通过定期走访指导,解决直播问题,引导规范直播,通过电商直播带货的形式为本土电商人才提供了实战机会,充实了本土电商直播力量,加强了本土电商人才建设,打造了"网红"经济,目前示范直播间日订单量达到2 000余单,打造了和田地区"本地达人+小视频+直播带货"的电商特色发展模式。

3. 打造地区级120个电商示范站点

通过对站长进行常态化跟踪和指导及线上服务,持续优化了站点服务内容,依托电商示范点以点带面,优化其他电商服务站点陆续具备代买代卖、快递收发、直播带货、工业品下乡、农产品上行等便民服务功能,实现了电商示范站点月净利润达到6 500元以上。2022年7月22日,商务部组织召开全国县域商业体系建设工作推进会,会上选取7个省市级典型企业对电商进农村工作推进情况做典型案例汇报。其中,和田地区亚博依村电子商务服务站站长安外尔·艾尔肯作为全国唯一村级站点、西北五省唯一代表发言,他作为村级站站长,通过电商进农村综合示范项目,月收入由1 500元提升到3万余元,而且带动100余人就业,示范效应显著。会上,商务部副部长盛秋平在讲话中两次表扬新疆。

(二) 构建地区地县乡村四级物流服务体系

1. 优化全地区快递集约配送模式

通过与地区邮政、5家快递企业深入洽谈达成合作,整合和田地区现有快递仓储、分拣、配送场地、必要设备、车辆、技术,针对和田地区快递发展现状制定并实施了《和田地区快递物流仓储分拣中心升级改造方案》《和田地区快递物流资源整合方案》,升级改造后集物流、快递、仓储、分拣、运输等功能为一体,完善了区域物流信息链条,通过优化各县(市)物流快递行业配送模式,合理规划配送线路,提速降费,延伸配送深度,扩大配送服务覆盖面,打造配送中心集约式服务模式,创建了"地区—县域"的"众包"配送模式，以及"县城—乡村"邮政末端派送模式，共享配送资源，截至 2022 年，全地区 1 587 个行政村实现快递配送 100%通达。

2. 搭建"和阗优品"电商服务站订货管理系统

通过调研电商服务站点商品流通情况，搭建了"和阗优品"电商服务站点订货管理系统，于 2021 年制定并实施了《和田地区电子商务公共服务中心工业品地推活动策划方案》，期间积极对接调研全地区 36 家工业品生产、销售企业，筛选了 394 款本地日化用品、生活用品、酒水饮料、粮米面油等多品类产品，为产品拍摄产品主图、设计详情页，累计上架 160 余款产品，通过对 8 个县（市）120 个站点进行走访地推试点活动，引导在电商服务站长在平台订货下单，逐步走向"厂家—中心—站点"订单式供货模式，通过该平台给电商服务站点带来了更多的产品选择和便捷的进货体验方式，满足了电商服务站点对商品和配送时效的要求。截至 2022 年，平台已下单 580 余单，订货金额达 150 余万元，初步形成"小家电批量供应、食品本地帮扶产销"的模式。

（三）构建公共品牌库及品控服务体系

1. 打造"和甜悦色"区域公共品牌

从"历史文化、地方特色、民俗风情"等方面对和田地区开展了为期 2 个月的实地调研，走访调研了和田地区博物馆、和田夜市、和田团城，以及各县（市）主导产业、龙头企业、民俗风情发展现状，结合和田特色产品信息，策划开发了"和甜悦色"区域公共品牌标识及《区域公共品牌 VIS 手册》，于 2022 年 7 月在天津成功举办品牌发布会，积极对接天津援疆企业与和田本地供应企业，签订 5 000 万元特色农产品购销协议，已对接企业打造"和甜悦色"系列羊脂籽米、和田大枣、和田玫瑰、和田肉苁蓉等爆款产品，通过持续开展"和甜悦色"优秀短视频创作大赛、爆款产品征集活动大力推广 1 个地区级区域品牌、9 个县（市）子品牌，33 个重点培育品牌，形成了"主品牌+特色产业子品牌"的发展格局。

2. 完善品牌产品品控质检服务

结合和田地区农特产品发展现状，制定了《和田地区产品长效品控监管机制》《品控室农产品检测管理办法》，在电商中心设置品控检测室，采买 4 台检测设备，前期就地区 36 家企业 158 款品牌产品围绕二氧化硫、农药残留、亚硝酸盐等指标定期进行质量检测,检测显示合格率达100%,结合"315"消费者权益日,地区商务局联合地区市场监督管理局、地区电子商务公共服务中心组建巡查小组,于2022年3月15—26日对8个县(市)的42款区域公共品牌产品、54款溯源产品、16家知名品牌企业产品进行走访巡查,与各县(市)电商中心、企业负责人就品牌、溯源、产品质量把控、"两品一标"(绿色食品、有机产品、农产品地理标志)认证情况及后续发展方向进行宣讲,就产品存在的问题进行了现场指导,进一步强化了企业自查意识,提升了品牌监管能力,切实保障了和田地区特色产品的食品安全。

3. 引导网货产品标准化发展

通过前期走访地区38家企业,对全地区230款网货产品进行了摸底排查,了解了企业困难诉求,制定并实施了《和田地区农产品溯源升级方案》,搭建了和田地区溯源管理平台,为阳光沙漠、天园玉龙2家企业在种植基地安装田间相机、环境监测仪等监测设备,围绕和田大枣系列、玫瑰花系列54款产品进行了质量追溯,通过溯源体系的接入,建立"生产有记录、信息可查询、来源可追溯、流向可跟踪、责任可追究、产品可召回、质量有保障、数据可共享"的溯源机制。同时制定了《和田地区有机产品认证方案》,对接北京行业部门,指导皮山萨扎木农业科技开发有限公司等5家符合条件的企业先后对"明星杏"等产品进行有机转换认证,通过有机认证、溯源系统搭建保障实现实时监测获取产品数据,科学分析指导生产,确保了和田地区农副产品的质量安全,提高了企业溯源及标准化建设意识。

(四) 强化电商宣传及电商帮扶工作机制

1. 制定全区电商帮扶方案

根据和田地区电商企业发展的现状,对各县(市)电商公共服务中心、电商企业、创业团队、电商百人团、示范个人进行集中宣传,通过"电商+产业、产业+就业、就业+创业"3个结合,与全地区36家企业建立合作关系,重点打造了10家电商帮扶示范企业,围绕线上销售、品牌建设、宣传推广3个方面制定企业"一对一"电商帮扶计划,在和田地区线上云展厅上架78款产品,抖音商城上架52款产品,供采购商线上线下选品采购,河北沧州、天津、山西等地客商先后采购红枣300余吨,金额达3 100余万元,核桃90余吨，金额达 130 余万元。对皮山益农、果之初、阳光沙漠、沙漠枣业、洛浦洛蓝等 10 家企业就品牌升级、产品培育、媒体宣传、线上店铺开设及运营实施了常态化帮扶。

2. 强化"电商+产业"帮扶模式

通过对全地区特色产业、龙头企业、电商站点、直播点位等走访调研，联动各县（市）开展"优秀站点评选活动""优秀直播间评选活动""和田玫瑰·芬芳五月""5·19 中国旅游节暨玫瑰风情节""皮山明星杏"等原产地直播系列活动，结合优秀电商示范站点的就业、收入分析，形成"电商+产业+站点"的帮扶模式；和田地区的 8 个县（市）快递物流分拣中心促进就业 399 人，电商中心通过介绍学员就业、开展产销对接帮扶活动，帮助企业吸纳就业，形成"电商+产业+就业"的帮扶模式；在 8 个县（市）依托特色产业发展优势，形成"电商+产业+农户"帮扶模式，促进产业升级，企业受益，带动群众致富增收。

3. 推动电商产业发展升级

自项目开展以来，和田地区（市）电子商务公共服务中心在地委、行政公署的坚强带领下，在地区商务局的悉心指导下，依托地区电商产业发展协会、电商中心资源禀赋，结合"千村直播　万人带货""十业联动　百企直播"等系列电商活动，共举办和田地区"云赏婵娟　播享丰收"电商直播短视频大赛、和田地区"双十一"原产地直播嗨购节、315 优品甄选电商直播大赛、618 狂欢购物节、电商百人团直播短视频大赛等大型电商活动 28 场，带动全地区线上销售金额累计超过 2.6 亿元，扶持了一批示范引领带动性强、助农增收成效好、促进就业显著、电商产业发展贡献较大的电商企业和个人，进一步加强了本土电商人才队伍建设，持续推动了和田地区电商产业高质量发展。

4. 示范宣讲带动产业发展

在和田地委、行政公署的高度重视、高位推动、强力推进下，从 2021 年 12 月 16 日起，在全地区开展"电商示范大宣讲"活动，邀请电商百人团讲师团队，先后在全地区 8 个县（市）开展了 61 场示范宣讲工作，共有 6 120 人参加培训，吸纳"电商百人团"成员 5 318 人，转化率为 86.89%。通过"理论+实战"的模式，在和田县园艺场等直播点位开展 30 余场公益助农直播，销售了和田羊、黑鸡、红枣、核桃、苹果、白菜、胡萝卜、恰玛古（芜菁）等农牧产品,帮助 600 余户农牧民直接增收 325 余万元。在于田县木尕拉镇木尕拉村设置了就业试点,通过举办招聘会解决了 46 名群众在本地的电商公司就业。

5. 搭建全方位电商宣传矩阵

2021 年在和田地区行政公署开设电商专栏,公示了《和田地区国家级电子商务进农村综合示范项目整区推进日常监管方案》《和田地区国家级电子商务进农村综合示范项目整区推进固定资产管理办法》等一系列电商发展材料 90 余篇;先后在微博、抖音、微信公众号、快手等平台开设宣传账号,发布电商相关短视频 2 800 余条,浏览量超过 2.8 亿次,在商务部电商公共服务网、央广网、新疆维吾尔自治区人民政府网、人民日报、中国日报、新华网、天山网等主流媒体发布和田地区电商产业发展相关报道 110 余次、共 260 余篇,浏览量超过 4 800 万次,为和田地区电商产业发展营造了良好氛围。

(五) 加强人才孵化,推动直播助农

为加强地区电商人才培训体系建设,推进直播助农发展,坚持与时俱进、创新发展的原则,和田地委联合高级技工学校、和田市中等职业技术学校与新疆不倒翁信息科技有限公司打造和田播创园。和田播创园是集供应链打造、人才孵化、企业孵化器、仓储物流一体化的数字综合产业园区,由和田地区行政公署、和田地区商务局招商落地和田市,并于 2021 年 11 月与和田市高级技工学校、和田市中等职业技术学校完成校企共建,面积约 2 万米^2,拥有全类目产品展区、多功能演播厅、众创空间、共享云仓、大数据处理中心、大型会议室、示范直播间 (12 间)、标准直播间 (36 间)、特色直播间 (24 间)、实训直播间 (158 间)、物流仓储分发中心等 10 多个功能区。基地具备成熟的电商企业运营所需配套条件,可以满足不同规模的电商直播团队和机构入驻。2022 年的前 7 个月,共建培养学历制学生 362 人,其中,带薪实习生 132 人,在岗就职主播 23 人,电商运营、客服、各类电商岗位岗前培训人员 100 余人。已累计培训电商人才 6 000 余人,招商引进相关电商科技企业 212 家,孵化在职带货主播 225 人、特色才艺主播 189 人、农牧民主播 201 人。截至 2022 年 7 月底,累计孵化百万级抖音账号 3 个、十万级抖音账号 10 个,孵化账号短视频总播放量 1.3 亿次,直播带货金额近 6 000 万元,加速推进和田地区电商百

人团工作。同时，搭建供应链体系与县域商贸物流体系，一是整合汇集优质供应商资源，更好地服务本地网红主播，提供供应链产品体系打造、项目筹备、品牌选品、平台资源运营、平台系统配置、产品结构规划、品牌孵化等服务；二是依托现有农村电商三级物流体系，加强与邮政、顺丰、美团、拼多多等服贸企业合作，打造集物流快递集散、云仓服务、前置仓服务等多类型物流服务于一体的电商物流载体。为本地企业、招商引资企业从源头解决物流难题，为本地网红直播团队的直播工作提供物流保障，助力和田地区农村电商工作高质量发展。

二十、"832平台"——运用政府采购政策助力乡村产业振兴

2020年1月1日,在财政部、农业农村部、国家乡村振兴局、中华全国供销合作总社四部门指导下,由中国供销电子商务有限公司建设和运营的脱贫地区农副产品网络销售平台("832平台")正式上线运行,平台通过提供在线展示、网上交易、物流跟踪、产品追溯等一站式聚合服务,使全国832个脱贫地区的优质农产品有效对接各级预算单位的食堂和工会采购需求,持续激发脱贫地区发展生产的内生动力。截至2022年11月30日,"832平台"累计入驻供应商2万家,采购人61万名,在售商品28.8万款,上线以来累计交易额超300亿元,助推832个脱贫县的近300万户农户巩固脱贫成果。

相关政策的发布与实施,为"832平台"做好脱贫地区农副产品电商业务提供了更加良好的发展机遇。财政部等发布的《关于运用政府采购政策支持乡村产业振兴的通知》(财库〔2021〕19号)、《关于深入开展政府采购脱贫地区农副产品工作推进乡村振兴的实施意见》(财库〔2021〕20号)规定,各级预算单位按照不低于10%的比例预留年度食堂食材采购份额,通过"832平台"采购脱贫地区农副产品。2022年2月18日,财政部办公厅印发《关于组织中央预算单位做好2022年政府采购脱贫地区农副产品工作的通知》(财办库〔2022〕49号)、《关于组织地方预算单位做好2022年政府采购脱贫地区农副产品工作的通知》(财办库〔2022〕54号),明确年度预留采购份额不变的情况下,鼓励职工个人通过"832平台"微信小程序采购脱贫地区农副产品,并且首次将个人采购金额计入单位年度采购金额。2022年2月22日,脱贫地区农副产品网络销售平台被写入2022年中央一号文件,明确提出"推动脱贫地区帮扶政策落地见效……创建消费帮扶示范城市和产地示范区,发挥脱贫地区农副产品网络销售平台作用"。为贯彻中央一号文件关于全面推进乡村振兴重点工作要求,2022年11月17日,财政部、农业农村部、国家乡村振兴局、中华全国供销合作总社联合发布《关于进一步做好政府采购脱贫地区农副产品有关工作的通知》(财库〔2022〕273号),鼓励承担帮扶任务的国有

企业、国有金融企业通过"832平台"采购脱贫地区农副产品，各单位通过"832平台"采购脱贫地区农副产品工作情况纳入本单位消费帮扶工作成效评价。

（一）责任行动

1. 提升平台商品质量安全和价格管控能力

"832平台"积极推动脱贫地区农副产品质量和安全保障体系建设。在品质把控上，平台制定了适合政府采购和脱贫地区农副产品特色的管理制度与标准，着力构建质量与安全保障体系，开展"一品一审"专项核查；在价格管控上，严格实行对米面粮油、肉蛋禽等类目下的商品价格管控，并设置了上线比价功能及单价筛选功能。2022年5月，平台启动"双实计划"，通过"实质"和"实价"，引导供应商提升诚信交易、品质服务、合理定价意识。通过"双实"标准的建立，逐步完善"双实"商品认证体系，最终形成平台质量与价格的"双实"生态。

2. 积极完善产销地仓布局，降本增效

自2020年下半年起，"832平台"积极开展仓储物流保障体系建设。截至2022年11月底，"832平台"累计建设运营产（销）地仓53家，仓储面积近30万米^2。重点在脱贫县较为集中的地区布局产销地仓。目前，与第三方检验检疫机构深度合作，以"832平台"北京产销地仓为试点进行常态化的定期或不定期监督抽检，从前端入手保障平台在售商品的质量与安全。

3. 稳步推进脱贫县产业帮扶示范项目

"832平台"针对脱贫地区农副产品标准化、组织化程度较低问题，重点加强脱贫地区农副产品产地认定、质量标准、仓储物流、品牌塑造等工作，激发脱贫地区生产发展内在动力。2021年6月，"832平台"启动脱贫县产业帮扶示范项目，深入推进政府采购脱贫地区农副产品工作，带动脱贫县优势特色产业发展，重点围绕货源组织、产销对接、商品质量管控、物流体系打造、运营提升等方面开展合作，带动脱贫县发展新产业新业态。

（二）履责成效

1. 线上线下全渠道促进产销精准对接

"832平台"上线以来，积极开展产销对接。2020年，在脱贫攻坚决战的决胜时刻，"832平台"先后开展"保供给，防滞销""52决战收官"等活动。举办2021脱贫地区农副产品产销对接会，来自全国22个省份、832个脱贫县的1.4万家供应商、20多万款农副商品，通过线上加线下的方式参展。"832平台"以多种形式促进精准产销对接，满足食堂、工会多元化采购需求，开拓工会一站通解决方案；构建"销售服务体系"，推动脱贫地区农副产品进一步融入全国大市场。构建线上线下全方位的销售推广通道。

2. 激发脱贫地区内在动力，促进脱贫地区农业产业化发展

"832平台"结合脱贫地区产业特点，充分挖掘脱贫地区特色资源，打造以品牌价值为核心的新型农副产品产业。一方面引入政府为当地企业商品品质"背书"，另一方面发挥平台自身政府采购渠道、产销大数据优势，帮助当地打造特色农产品供应链，培育壮大当地特色优势产业，共建"产业帮扶示范县"，培育壮大特色优势产业，平台、政府、龙头企业三方联合进行品牌合作，开发适销对路的商品进行推广销售，建成具有市场竞争力的农业特色品牌，并融入全国统一大市场，已有8个示范县落地推进中，打造完成"832福蛋""832福米"和"832福油"等优质农产品，以需带产，不断优化供应链，以销促扶，不断完善利益链。

"832平台"通过推动与农业产业化国家重点龙头企业德青源（中国最大蛋鸡养殖企业）合作，基于德青源寻乌金鸡项目，打造"832平台"首个自有品牌"832福蛋"，寻乌金鸡项目可带动200人直接就业，带动300人在关联产业就业。"832平台"与黑龙江省延寿县合力打造"832福米"项目，开发分别适合食堂和工会两个场景的"延寿大米"产品，打造"832平台的幸福米"，制定"福"字号系列产品服务标准及客户运营标准，此项目得到了黑龙江省政府的大力支持，黑龙江省财政厅通过政府采购网对产业帮扶项目"832福米"进行全省预算单位推广，要求预算单位通过平台、小程序采购并按时进行通报采购情况。"832"平台与安徽省六安市金寨县政府以"平台+政府+龙头企业"三轮驱动带动金寨油茶产业蓬勃发展，依托22万亩金寨油茶产业基地，实现金寨油茶品牌全面升级。围绕打造品牌矩阵，"832"平台与张家口市合力打造"张家口好礼"市级区域品牌。目前平台已签约德青源鸡蛋、黑龙江延寿大米、安徽金寨茶油、重庆巫溪腊肉（肠）、农夫山泉等项目。"832平台"产业帮扶模式以需带产，优化供应链，赋能产业提质升级；以销促扶，完善利益链，带动农民增收致富，取得了良好的社会效益和经济效益。

3. 打造"832平台"优势品牌

"832平台"结合脱贫县特色优势产业，持续挖掘优质供应商及商品，打造"832优选"品牌，制定品牌标准，为符合条件的脱贫地区农副产品背书，形成以品牌拉动市场、以市场拉动生产、以生产带动产业的良性机制。建立"832优选"优质商品库，不断完善平台商品库标准，以"832优选"品牌为引领，带动脱贫地区农副产品高质量发展，优化供应端，扩大采购端，打造以"832优选"品牌为核心的新型农副产品产业。

"832优选"是由"832平台"专业选品和品控团队从832个原国家级脱贫地区甄选出的农特优产品集合。以品牌建设为抓手，以市场机制为导向，旨在为脱贫地区农副产品提升品牌价值，通过构建覆盖全国线上线下销售服务体系，助力脱贫地区特色优势产业升级，进一步推动融入全国统一大市场。"832优选"以严格的选品标准，从20余万款商品中挑选出几千款好货，提供全流程服务跟踪。在"832优选"选品方面，全力打造优价、优质、优服务、优配送、优售后的"832优选""五优"服务，致力于建立帮扶产品新形象；从商品质量标准、价格标准、服务标准、退出标准4个维度建成具有"品质保障，售后无忧"优势的"832优选"商品池。在采购人体验方面，"832优选"提出让采购人实现"五个满意"的保障承诺——商品满意、价格满意、物流满意、配送速度满意、购买体验满意。

4. 完善销售服务体系建设

"832平台"以政府采购为引导，以品牌建设为抓手，以市场机制为手段，整合包括各方媒体、产销对接会、线下推荐会、线下体验馆、"832产销地仓"、电商平台等多种渠道和资源，构建覆盖全国线上线下销售服务体系，助力脱贫地区农副产品融入全国统一大市场。一是制定和完善明确的产品质量、价格、物流、服务等标准，提升脱贫地区产品质量和供应商服务水平；二是线上全渠道销售，平台品牌背书提升产品价值，整体对接第三方主流优质渠道；三是线下全国性展销，在全国范围筛选招募"832销售服务商"，搭建"832销售服务商"体系；对接全国性和区域性产销活动，通过多层次线下展销增加商品的精准产销对接机会；建立"832优选"线下体验馆；开展"832产销地仓"宣传推广活动；针对特定客户群体开展"进部委""进系统""进学校""进社区"的"四进"系列活动等。四是打造全方位立体的媒体宣传推介体系，包括主流媒体、新媒体、自有媒体等，构建线上线下全方位的销售推广通道。

5. "832平台"助农成效凸显，社会影响力显著提升

经过近3年的建设运营，"832平台"整体运行平稳，成交额全年持续快速增长，助农成效明显，社会影响力显著提升。"832平台"自2020年1月1日正式上线，截至2022年11月30日，累计入驻供应商2万家，采购人61万个，在售商品28.8万款，上线以来累计交易额超300亿元，助推832个脱贫县的近300万农户巩固脱贫成果。建设成绩得到了社会各界和广大媒体的关注，先后被国家级媒体、地方媒体以及网络媒体报道700多次，其中，被以新华网、人民网、中央电视台等为代表的国家级媒体报道近200次。

（三）展 望

"832平台"的成功实践证明，运用政府采购政策，借助互联网手段实现脱贫地区农副产品产需对接，具有政策操作成本低、产业带动能力强、帮扶成效显著等优势，是推进消费帮扶、助力乡村振兴的有力举措。下一步，"832平台"将在国家有关部门的正确领导和大力支持下，实现自身可持续、高质量发展、为巩固拓展脱贫攻坚成果同乡村振兴有效衔接作出更大贡献。

（四）产业帮扶案例

1. 安徽金寨"832福油"

安徽省六安市金寨县坚持以习近平新时代中国特色社会主义思想为指导，贯彻新发展理念，科学选择特色产业，健全产业链条，构建现代农业产业体系、生产体系和经营体系，着力打造大别山区现代特色农业样板区、长江三角洲绿色农产品生产加工供应基地。同时，与"832平台"深入合作，成立了由金寨县委、县政府牵头，县财政局、农业农村局、乡村振兴局、供销社等部门共同参与的金寨县"832平台"产业帮扶示范县工作领导组，打造"一县一

品"推广金寨山茶油品牌，带动金寨山茶油产业发展，共同探索乡村振兴产业帮扶的"金寨模式"。

金寨与"832平台"共同谋划金寨茶油品牌建设"红色江山世代传承"方案，围绕"大别山精神"内涵外延讲好品牌故事，打造"832福油"系列产品。将"坚贞忠诚、牺牲奉献、一心为民、永跟党走"精神内涵分别赋予4款产品，通过"四桶油"讲述金寨县的历史、现在和未来，彰显大别山精神。通过"优品优质优价"的产品载体，将金寨茶油打造成富民强县的支柱产业，把金寨茶油品牌名片链条式传播扩散。"832福油"系列产品上线以来，已接到食堂、工会的大宗采购以及小程序的大量订单。

截至2022年10月底，金寨县入驻"832平台"的活跃供应商有62家，上架县内特色农产品2316个，累计销售额2.6亿元，在安徽省县级排名第一位，全国排名居前列。下一步，金寨县将紧紧围绕乡村振兴战略，助力特色产业发展，创新产销新模式，延展一二三产业的协同振兴发展，推动"一县一品"品牌化、商品化、市场化，形成具有市场竞争力的农业特色品牌，通过多渠道产销对接将帮扶订单转化为金寨县产业发展的内生动力，助力金寨特色产业提质升级。

2. 汪清模式

2021年10月28日，在国家发展改革委、中华供销合作总社的高位推动下，在国家发展改革委派驻汪清工作组的积极协调下，汪清县政府与中国供销电子商务有限公司签署战略合作协议，汪清县成为全国首个"832平台产业帮扶示范县"。为推动汪清县农副产品进一步融入全国大市场，汪清县采用"政府+平台+企业+农户"模式，创新产业帮扶工作思路，探索打造助力乡村振兴的"汪清模式"。

（1）以需带产，优化供应链，赋能产业提质升级。一是老品做改造。上线4.5升大桶装酱油及2千克大包装黑木耳产品，满足食堂规模化、组织化采购需要，提升调味品及干货领域竞争优势。二是产品创新。好记食品酿造股份有限公司（以下简称好记公司）瞄准市场需求，抢跑上线平台首款蚝油产品，新增有机料酒、山珍酱等生产线，打造调味品一站式解决方案，实现从"企业生产什么就卖什么"到"市场需要什么就做什么"的转变。三是多品做组合。聚焦工会采购需要，组织策划"汪清有礼"营销方案，甄选有机酱油、全汁蚝油、绿色大米、优质木耳等特色产品，打造"福"系列礼盒，提升全县产品品类丰富度、单品体验感。

（2）凝心聚力，用好"四方合力"。①政府端：加强组织保障，强化监督管理。一是成立工作领导小组。成立由县长任组长，分管副县长任副组长，乡村振兴局、供销社等9个部门及各乡镇政府为成员的"832平台产业帮扶示范县工作领导小组"，确保产业帮扶示范各项工作落地见效。二是优化审核推荐机制。出台《汪清县"832平台"消费帮扶产品和供应商审核推荐实施办法》，优化审批流程，明确审核推荐范围及条件，提高供应商入驻平台审批效率。三是加强产品质量管控。定期针对"832平台"产品开展抽检，印发《汪清县"832平台"供应商信用管理方案》，制定守信行为政策激励措施及失信行为管理整治措施，督促供应商依法承担产品质量责任。②平台端：提供精准服务，深化助企帮扶。一是培育优质供应商。"832平台"负责同志亲赴汪清对平台主要供应商实地考察，深挖供应商品牌故事，就其存在问题、发展方向提出针对性意见建议。定期公布销售数据、分享典型案例，激发供应商创先争优积极性。二是组织操作技能培训。定期组织面向供应商的线上培训。针对汪清县"832平台"拳头产品，设置专门微信工作群，由专业人员针对产品设计、改造、宣传、推广等进行全方位、全过程"保姆式"辅导。三是开展产品宣传推介。通过主流媒体及新媒体平台，积极宣传"汪清模式"做法及经验，在"832平台"网站及小程序、各类农副产品产销对接会设置线上线下活动专区，强化与政府机关、国企等单位食堂、工会对接，提升汪清县农副产品曝光度及销售量。③企业端：提升产品质量，提高运营水平。一是强化产品质量。桃源小木耳不断加大科研投入，通过全产业链质量控制模式，严格执行有机产品管理标准，打造高端特色农产品。好记公司食品安全体系通过FSSC22000、BRCGS和SQF审核认证，产品获中国、美国、欧盟有机认证证书，酱油有机产品认证量全国排名第一。二是优化产品价格。好记公司食堂专供酱油产品价格从每升54元降至13元，低于平台平均价29.79%，料酒每升价格14元，低于平台平均价18.53%，"汪清有礼"系列礼盒价格较单品合计价格低20~30元。三是完善物流配送。好记公司与京东物流达成合作，在保障运输时间和效果的基础上，争取到运费五折优惠，并为"汪清有礼"礼盒制作防碰撞包装，确保产品及时、完好、准确送达。

二十一、贵州省——"一码贵州"智慧商务大数据平台促进农业产销对接

"一码贵州"智慧商务大数据平台建立伊始便确定了"聚资源、卖产品、存数据、留产值"目标，通过"4+1"模式推进建设，即4个支撑体系（农村电商、黔货云仓、供应链金融、技术研发）+线上线下销售矩阵整合省内各行业、各区域市场主体资源，提供由生产端到消费端的全链条产业服务，用一个平台一张网推动黔货出山与数字经济产业发展。

（一）发展情况

2020年年底，贵州电子商务云运营有限责任公司在贵州省委、省政府部署，省大数据局指导下，依托公司积累了数年的技术优势、渠道优势、生产资料优势以及全产业链服务优势，建设并运营了贵州数字经济产业发展平台——"一码贵州"平台。该平台于2020年7月23日上线，在消费扶贫、"黔货出山·夏秋攻势"、校农结合及乡村振兴等工作中积极作为，提供全新的智慧化产销对接运营模式，在当年便实现交易40.14亿元，其中在线撮合交易34.93亿元（平台完成订单，线下完成支付），平台全流程交易（在线支付）5.21亿元，2021年全年交易额突破100亿元，已成为贵州省入驻企业最多、商品最全、服务最全的商务和数字经济平台。

（二）创新亮点

依托"一码贵州"平台4个支撑体系+一个平台一张网的"4+1"模式，为电商发展起步晚、存在明显产业短板的贵州省提供了全新的解决方案。

1. 农村电商支撑体系建设

"一码贵州"团队300多人长期下沉到县、服务到村，建立农产品电商销售服务长效机制，助推农村商业体建设，助力乡村振兴。一是推动农村产品电

商化。"一码贵州"实地下沉农村和基地调研,充分了解农产品生产及销售信息,建立农产品信息数据库,深度挖掘适合网络销售的农特产品,提供拍照、详情页设计、溯源等电商化服务。在全省挖掘打造百万元销量级"网红"产品达17款,推动贵州产品网货化3 000余款。二是构建产销对接渠道。与省内外诸多渠道建立长效合作机制,积极通过"一码贵州"零售及大宗产品渠道打造农产品销售前哨站。

2. 黔货云仓供应链支撑体系

"一码贵州"平台整合零售电商、公共机构、大宗交易、机关团购等多个农产品销售渠道,打通产销通路,形成黔货出山销售矩阵,逐步实现黔货"一码采购齐、一码销全国"。在省、市、县三级建设集管理、信息、数据、服务、交易于一体的"线上+线下"仓配一体化云平台。目前,全省"1+8+30智慧云仓"体系开始运行,累计入仓产品190余万件。独山、印江等地通过试点智慧物流,将部分产品仓储成本由过去的20~25元/米^{2}降至10~15元/米^2,快递成本由过去的每单4~5元下降为2.5元(3千克内),降低仓储物流费用50%左右,形成贵州农产品的智慧仓配网络雏形。

通过整合贵州省内销售渠道,以"黔货云仓"为支撑,开展城际间采集配业务,为省委办公厅、省政府办公厅、贵州医科大学附属医院、省高速集团等500余家机关、企业、医院提供在线采购与线下配送结合服务,贵州省农产品采购占比85%以上。搭建贵州省"校农平台",规范学校采购流程,将学生营养餐与配送企业、供应商、生产基地、合作社相连接,推动开展产销对接和订单农业。目前贵州省已有17 406所中小学入驻"校农平台"(贵州省学校平台覆盖率达86%)。

同时,积极拓展贵州省外销售渠道。发挥电商云公司已建成的北京、广州、东莞、成都4家省外分支机构产销对接功能,打造贵州省外黔货优质卖场。与省外多家扶贫项目及工会平台达成合作,并为上海300余家政府企事业单位职工和广东省工会10余万名会员提供优质贵州农产品。打造重点领域消费场景。结合黔货体系,为广大农村市场提供消费服务,开展县域社区团购,拓宽农民消费渠道。

3. 构建供应链金融支撑体系

过去,贵州农产品在流通环节中通常采用现货现款交易,使商贸流通企业长期存在很大资金压力。"一码贵州"平台则通过线上多平台销售体系和线下

"黔货云仓"等产销服务体系，向金融机构提供从产品、服务、订单到交易的业务闭环数据，解决广大中小微商家融资难、融资贵问题。一是提供流水信用贷。与多家银行合作上线"一码贷"（信用贷产品），流通企业无须抵押无须担保，由"一码贵州"平台提供平台流水数据即可获批贷款。二是开展原材料担保贷服务。生产企业指导上游基地合作社申请贷款，农业信贷担保公司提供担保，生产企业控制资金流出，并代上游基地合作社还款。全交易流程在"一码贵州"平台完成，由平台为金融机构提供数据或云仓服务作为风险防控手段。这一服务可为贵州生产企业在农产品原材料采购时提供较大的资金支持，目前已有多家企业申请贷款。三是打造资金聚合体系。"一码贵州"与贵州银行合作开发的"一码贵州"资金整合平台已正式上线，可为入驻"一码贵州"的平台、商家提供清分服务和基于平台交易数据的供应链金融服务，助力省内流通市场平台及商家快速发展。与银联合作打造"一码贵州"聚合支付码，可将日常线下消费与平台相结合，将数据与产值留在"一码贵州"平台。"一码贵州"是银联在全国授权的首家非银行机构聚合支付码运营商，已在全省开展聚合支付码的推广。

4. 构建技术支撑体系

贵州电商云公司经过多年积累，形成了一支敢于创新、勇于探索的互联网研发技术团队，为公司发展提供了强有力支持。一是技术创新留存消费数据。通过技术团队的努力，能够将关键核心数据掌握在自己手中，对多平台数据进行有效整合，将数据（包括 App、官网、微信、小程序、线上线下活动、各类表单等）汇集到数据池，形成数据资产，打破各渠道数据孤岛情况，实现全渠道数据链，为职能部门提供交易规模、行业结构、发展趋势、应用水平等全面的大数据分析参考。已建设贵州电子商务大数据服务等平台，出具数据分析报告上千份，累计采集、清洗、加工、分析信息 10 亿条，为全省电商发展提供了有力支撑。二是技术创新紧跟行业发展。技术团队在深耕贵州农产品的同时，探索数字经济新路，通过不断完善省内电商产业链条，串联产销对接、消费扶贫、乡村振兴等工作，让数字经济惠及贵州经营者和生产者。三是开展产业发展研究。成立贵州电商云数字经济研究院，联合国内"双一流"大学及省内特色高校的专家、学者开展理论与实践研究，构建贵州数字商业理论及模式。定期发布各类研究成果，促进贵州省数字经济理论构建和产业振兴，培养一批服务于数字经济建设的创新型理论与实践人才，打造以数字经济为主轴、以线上线下产业为两翼的特色新型贵州本土智库。

"一码贵州"平台利用大数据技术链接已经建成的村级电商服务站点、基地、农户产品,形成零散产品汇聚,智能调度商品订单、仓配物流,在仓中统一分拣、包装、发货,整体形成智慧物流供应链体系,可有效提高空置仓库利用率,提升供应链反应速度,降低商品流通成本,整体提升贵州产品市场竞争力。

(三) 工作成效

1. 经济效益

贵州电商云"一码贵州"平台2021年累计完成交易订单468.83万笔,实现交易120.17亿元。通过云仓对全省所有上行产品实行标准化处理,统一包装、统一发货,单个快递可压缩快递费至2元/单,仓储服务及分拣人工费1元/单,包装箱费压缩至2元/个,冷链包裹快递费压缩至15元/单以下,不考虑集中处理人工费下降,全省电商包裹成本可下降4~5元/单,冷链包裹成本可下降12~15元/单。电商上行成本下降后,将为更多的商家提供更好的标准化服务,加快全省电商发展速度。

2. 社会效益

(1) 拓展农产品销售渠道。"一码贵州"依托各区(县)电商公共服务中心(县级农产品集配中心),连接各村级电商站点、合作社及深加工企业,形成"村级站点(移动预冷共享中心)/电商驿站+县级集散中心+省级网格化云仓平台"的一体化运营模式,实现对地方范围内农产品信息的采集、汇总、分类、处理和传送,及时提供实时统计信息。平台帮助县级服务中心建设及运营线上县级扶贫馆,销售当地具有一定规模的标品、云仓产品、村级预冷产品等,同时还通过积极对接营养餐、机关单位食堂、农批市场等大宗线下销售渠道,拓宽县域农特产品销路。

(2) 助推区域经济平稳发展。"一码贵州"通过大数据系统将全省仓配与上下游商家紧密联合,有效解决冷链主体普遍存在的冷库空间布局不合理、冷库供给与农产品流通需求不匹配、冷链运营能力弱等问题,农产品仓配利用与轮转速度的加快,使区域仓成为地区农产品流转中心,让农民放心种,消费者轻松买,促进当地就业,保障民生,推动地方经济平稳较快发展。

（四）未来发展计划

1. 做好服务，加快推进媒体深度融合发展

坚持"融"字当头，融内容、融形式、融平台、融技术、融产业，以算法革命作为媒体融合弯道取直核心战略，打造全新智能平台、智慧平台，加强技术、渠道、载体、资源等方面合作，把大数据运用到电商平台发展中，拉动贵州省消费增长。做到把数据留在贵州、产值留在贵州、收入留在贵州，把大数据产业与乡村振兴战略紧密结合，打造更加精准的产销对接数字经济平台，加快推动形成贵州线上线下消费双循环、大循环格局，真正让黔货出山。

2. 做大平台，增加优质产品和服务供给

全力推动"一码贵州"平台建设。一是深入贯彻落实省委、省政府主要领导在省委经济工作会议上对打造"一码贵州"大产业、大平台的重要指示要求，制定切实可行的工作举措，加快推动形成贵州线上线下消费双循环、大循环格局。二是聚合资源，引导基地、合作社、种植养殖大户、流通企业继续入驻平台，汇聚农产品产地、品种、销量、价格等信息数据，形成完整的农产品供应链和本地商品服务大数据链条，建立供应商及农产品数据库。三是完善物流网络，通过农产品集货、分拣、加工、包装等服务能力，将初级农产品转化为商品，与全国大市场形成对接。四是扩展产业范围，聚焦主责主业，逐步拓展业务范围，推进旅游等服务纵深发展，在目前多项业务基础上，把"一码贵州"打造成区域性的数字经济平台。

3. 做新业态，全力推动"电商云"率先上市

不断丰富服务功能，探索新的应用场景，积极培育数字经济新业态新模式，推动"电商云"率先上市。与此同时，要主动了解财会和税务方面的要求，以合规为基本前提、以成本为基本底线，形成可持续发展的电商业态，努力为"电商云"的上市目标做好充分准备。

4. 做深产业，全面助力乡村振兴高质量发展

一是推动产地数字化。要逐步形成农产品产地、品种、销量、价格等信息数据汇聚，集产销对接、产品溯源质量安全于一体的综合服务与监管平台。二是打造电商产业链。要继续深入推进"服务下乡，黔货出山"，深度挖掘优质

黔货,整合包括原材料供应、加工、包装等产业,建设现代数字化产业供应链体系,补齐产业供应链短板,形成一条集选品、包装、仓储、物流、销售于一体的成熟电商产业供应链条。三是拓宽销售渠道。加大与贵州省内外各类主体的合作范围和合作力度,打造面向全国的优质黔货卖场。

二十二、天津市——金仓互联网科技有限公司助力"互联网+"农产品出村进城

作为天津市首批"互联网+农产品出村进城"工程试点企业，金仓公司充分发挥自身优势，整合农业"产、供、销"等方面力量，打造农业一二三产业全产业链服务，助力农民打通产业链的生产端、流通端和消费端，通过推进农产品生产标准化、加工合规化，打通农产品运输通道，加强农产品品牌附加值，带动农产品的生产与销售，同时，大力整合专业资源，搭建线上线下销售平台，拓展消费市场，用市场化手段促进农户实现稳定增收。

（一）发展情况

天津金仓互联网科技有限公司（以下称金仓公司）成立于 2015 年，注册资金 6 500 万元，主要从事以农副产品仓储配送为核心业务的一二三产业融合业务，是天津市农业产业化经营重点龙头企业，其"吉美格"品牌是天津市"津农精品"的标志，也是天津市农业农村委员会认定的国家知名农产品品牌。金仓公司还成立了益农信息社，年销售额达 1.34 亿元。金仓公司服务的客户遍布天津各区，包括本地各级机关企事业单位、学校幼儿园、各类餐饮连锁酒店等，持续为 1 000 多家客户长期提供食材配送服务，是客户信赖的合作伙伴。

（二）主要做法

1. 联农带农促农业发展升级

作为农业产业化经营龙头企业，金仓公司深知联农带农才能更好地为民增收。于 2018 年成立天津金仓农副产品销售专业合作社联合社，在天津市范围内与 200 余家合作社签订协议，聘请天津农学院及天津市农业农村委员会专家指导农户种植，包括选种、育苗、播种、收割等。同时，采用"订单种植"

的模式，针对市场需求，与合作社或农户签订收购订单，引导合作社根据订单标准种植、采收，产品达到公司品控标准后再出售，这样不仅实现了生产端与消费端灵活无缝对接，把消费者对优秀农产品的需求准确地传递给生产者，推动了优质农产品的推广，促进农民持续增收，同时也帮助合作社建立起优质农产品的生产标准。

例如静海区前邓村的黄冠梨基地，金仓公司协助前邓村申请合作社，将纳入合作社的农户组织起来，通过邀请天津农学院、天津市农业农村委员会等单位的专家，对农户种植过程中各环节关键节点进行培训指导，引导农户进行科学、绿色种植，将黄冠梨的质量安全问题落实到种植生产经营的各环节，在保证黄冠梨质量与产量的同时，还能满足市场及消费者对产品的需求。农产品安全不是检测出来的，是种植出来的。金仓公司已与前邓村签订订单协议，在给予相关补贴、以高于市场50%的保底价收购等多种支持下，前邓村黄冠梨基地完全按照绿色食品标准种植，并已申请2023年的绿色食品认证。

2. 打造京津冀30千米全覆盖三级仓配布局

为解决农产品产业链上生产环节之后的加工、运输问题，金仓公司以电商平台为依托对相关运营模式进行探索，并最终确定通过自建物流系统解决运输难的问题，全面打通产业链条。主要致力打造京津冀30千米全覆盖布局。通过在天津市内科学布局三级物流仓配中心，开发农产品物流专线，建设农产品冷链运输系统，不断完善农产品流通网络。金仓公司三级物流仓配中心包括：一级仓（整合各地保鲜库资源，进行初级分拣和预冷的田间仓）；二级仓（统一标准、保障全年供应不间断的储存仓）；三级仓（整合信息、分拣、配送功能的运营仓）。目前，已在全市范围内布局4个运营仓和储备仓，面积20 000余米^2，包括静海区仓库、北辰区仓库、津南仓库、滨海新区仓库，服务范围可覆盖全市。同时，金仓公司拥有专业的运输配送车辆103辆，其中专业冷链配送车21辆，在满足天津市范围内物流及配送需求的同时，有效降低农产品运输成本与损耗，提升农产品价格竞争力。此外，金仓公司还与京东、顺丰、中通快递签订协议，解决天津市范围外的快递服务。

3. 搭建销售平台，线上线下拓销路

针对不同的消费群体建立了不同的线上营销平台，包括B2B、B2C电子商务平台，平台上架商品2 000余种，包括生鲜冻品、名品调料副食、米面粮油、肉禽蛋等，品类齐全。

（1）B2B 平台"金仓商城"：主要针对 B 端团餐客户。

（2）"金仓公社"：主要针对 C 端个人用户的微信小程序商城，适合家庭用户购买精装小包装产品。

（3）多用户平台：依托益农信息社等为农民服务的平台，主要服务于合作社成员及农户，为其提供销售平台，同时还可将相关信息转链接到淘宝、京东等大型电商平台。基于线上优势，金仓互联在全市范围内布局 60 余家半径 3.5 千米内自提和配送全覆盖的社区直营店，构建"互联网+农产品供应+冷链配送"新型运作模式，为农产品出村进城提供更加广阔的销售平台，实现天津市服务范围全境覆盖。此外，金仓公司还大力推广网络直播、直播带货、"短视频"等新模式，促进农产品网上直销、"时令预订""网订店取"等业务。

4. 农业数据反哺农业种植，实现生产端与消费端无缝对接

依托互联网大数据优势，通过跟踪农产品市场动态变化，金仓公司搭建了农产品全产业链大数据中心，包括农产品生产数据、采收数据、物流数据、消费数据、安全数据等。通过分析数据，然后将大数据反作用于农业种植，以数据信息指导生产并服务农产品出村进城，实现市场需求端与生产端的有机衔接。例如，金仓公司根据农产品市场供求形势和消费需求特点，制订销售计划，通过精准安排农户生产经营活动，生产适销对路的优质特色农产品，切实提升优质特色农产品持续供给能力。

5. 行政区域农产品品牌化建设

农产品价格和销路是农民最关心的问题。农产品能否实现顺畅销售，能否卖个好价钱，直接关系到农民收入能否稳定增长。作为农业产业化重点龙头，金仓公司深知建立农产品品牌有助于提高产品市场价格，形成稳定的市场份额，促进延伸农产品产业链。

因此，金仓公司以市场需求为导向，深入推进农业品牌建设，打造了"吉美格"品牌，用于推广天津本地的优质农产品。在"吉美格"品牌农副产品推广过程中，金仓公司树立严格的品控标准，将天津市分散的优质农产品纳入"吉美格"品牌中，然后将粗加工的农产品精细分类，不断开发更易被市场接受的农产品，帮助农户建立起"可销售的产品渠道"，也确保广大消费者享有"可保证的品质"。经过多年不懈的努力，"吉美格"品牌在天津市场得到了广泛的认可，积累了一定数量的消费群体。"吉美格"品牌于 2019 年被

认定为天津市知名农产品品牌，于 2020 年被天津市农业农村委员会认定为国内农产品知名品牌。

（三）创新模式

1. 农产品田间仓冷链创新

我国农业种植、流通的标准化程度低，且农产品保质期短，直接导致农产品采摘后商品化难度高。因此，农产品全产业链中最难的环节是农产品上行"最初一公里"，即田间仓，这与农民多卖农产品、卖出好价格息息相关。

金仓公司在天津市内众多基地建设有田间仓，这些田间仓不仅存贮农产品，还会根据不同农产品的保鲜要求设置温度、湿度、气体浓度，建立监控追溯系统，确保全程各项参数控制在适宜范围内，从而延长贮藏期，实现保鲜的目的。

2. 农产品供应链数字化创新

用数字化引领农产品流通与物流，是解决农产品产地农户分散、农产品物流配送面临"小、散、乱"问题，实现农产品物流配送集约化，进一步降低物流成本的有效方式。金仓公司建有数字化信息平台，可监控农产品产、供、销全链路过程中的数据变化，即从农产品产地开始就进行数字化，在商品流通过程中，通过数字化平台减少多层中间商加价，通过物流连接降低流通成本，可以使消费者以优惠的价格购买农产品；同时，在物流配送过程中，通过数字化调拨与配送，借助数字化互联互通进行各种资源整合，推动共享物流创新，可以大幅度降低物流成本。此外，通过"数字+商品"建立农产品追溯体系，可以保证农产品的质量安全。

3. 规模化联采，助力解决本地农产品滞销问题

天津市具有丰富的农业资源，每年农作物产量巨大，同样也面临着严峻的滞销问题。为了最大限度解决农产品滞销问题，金仓携手天津市食品集团、天津家乐超市、天津劝宝集团等天津市内知名商超或企业针对市内农产品进行联合采购，即从各大基地直接装车，直接配送到各大商超仓库或市内仓储，不仅减少了中间流通环节，保障了农产品的价优与新鲜，同时，通过规模化采购，多渠道多平台配合销售，可以保证在最短的时间内完成销售，避免出现产品滞销。

（四）工作成效

金仓公司依托平台连接了近 200 余家农产品生产合作社，不断发展壮大产业上游力量，提升生产质量。同时，通过线上线下相融合的模式，不仅拓宽了农产品的销路，而且统一品牌带来的溢价，使农户对市场需求有了更好的认知，充分调动了农户规模化、标准化生产的积极性，激发其内生动力。据不完全统计，自 2020 年 1 月到 2021 年 12 月，"吉美格"品牌助力销售农副产品突破 2 万吨，销售额超 2.01 亿元，不仅解决了农产品销路问题，同时，还增加了农民的收入。如静海区前邓村黄冠梨的收购价格，由 2019 年的 2.2 元/千克提高到 2022 年 4.6 元/千克，农民的收入大幅提高。此外，金仓公司在保证市场农产品持续供给的同时，还在一定程度上稳定了农产品的市场价格。如 2022 年 11 月降雪，外加新冠疫情的影响，直接导致天津市果菜价格的大幅度提高。同时，在 2022 年天津新冠疫情连续反弹期间，金仓公司作为保供单位，积极吸储本地大白菜和马铃薯，并在市场投放，令其价格一直稳定在低位，保证了人们正常生活所需。

"互联网+"农产品出村进城是一个长期而复杂的过程，需要长期坚持。下一步，天津市将继续坚持以市场为导向，持续打造农产全产业链条，不断优化及升级"吉美格"品牌和电商平台，全面打通生产端、流通端和销售端，形成产业核心竞争力。在生产端，以标准化生产、品牌塑造等方式促进农户转变生产方式，不断提升农产品质量，以质优促价优。在流通端，充分发挥金仓公司仓储配送方面的优势，做好农产品冷链运输、储藏等工作，将农产品及时地输送到消费者手中。在消费端，通过推进包装、品牌、价格等的统一，线上线下相融合，不断拓宽销售渠道，进一步提高品牌附加值，助力农产品出村进城。

二十三、内蒙古自治区呼伦贝尔市——物产供应链平台助力农产品出村进城

农产品供应链建设是农业供给侧结构性改革的重要内容，是发展现代农业的关键环节，也是实施乡村振兴战略的重要抓手，更是建立美丽中国的重要保障。呼伦贝尔物产供应链平台（以下简称平台）是内蒙古自治区呼伦贝尔市人民政府为解决农牧业产业发展中普遍存在的流通、市场等问题，委托呼伦贝尔市农业发展投资有限公司（以下简称农投公司）建设实施的"农业+互联网"商业平台，平台涵盖供应商、服务商、分销商、物流商等重点供应链环节，实现了农牧业生产经营信息化、在线化、数据化全流程管理。该平台的建设能够发挥呼伦贝尔优质农产品资源优势，有效拓宽销售渠道，强化品牌运营管理，加强生产企业、分销商和渠道商的利益联结机制，推进一二三产业融合发展、线上线下融合发展，推动了农畜产品输出提档升级，提升了品牌竞争能力和议价能力，促进了企业增收，为乡村产业振兴提供了强大"引导力"和"推动力"。

（一）基本情况

平台通过委托销售、委托加工等方式与符合标准的加工企业达成协议，将其生产的可流通的农产品加入供应链内。通过招募电商、自营电商、直播、线下门店、招募分销商、大客户采购等全渠道展开销售，并对接物流、快递企业完成配送，从而形成包括供应商、服务商、分销商、物流商、金融机构、消费者等各端口信息化、在线化、数据化的"农业+互联网"商业平台。

（二）发展情况

1. 平台介绍

平台有效整合农牧业资源，实现从生产到销售全程数字化贯通、多企业抱

团发展的新格局。

（1）供应商。供应商指的是与农投公司（服务商）达成合作协议并进入供应链平台的各加工企业。以呼伦贝尔本地出产的农牧林产品为原料的农产品加工企业，生产的合格产品都可以进入供应链平台。流程：政府推荐、企业申请→资质审核→签订入驻协议（价格、系列、结算）→产品入驻（分配子账号和培训）。供应商进入平台后，在不影响企业原有经营渠道的同时，为企业提供了新的渠道，具体服务包括参与区域公用品牌活动、免费入驻多个展厅、全渠道宣传、展会及系列活动、共享物流并降低成本、产品升级指导、订单定制化生产、大数据支持。对优质供应商优先提供金融支持、政策支持和品牌支持。

（2）服务商。农投公司作为服务商，负责运营管理整个供应链平台。平台整合了丰富优质的呼伦贝尔物产，具有强大的供应能力，在市场谈判中具有优势，有助于实现呼伦贝尔物产优质优价的目标。其具体职责包括搭建一体化、全流程的网络系统，组织品牌活动，线上线下同步对接营销渠道，建设大数据和标准体系，依托区域公用品牌创建多角度宣传本地农产品。

（3）分销商。分销商指的是在全国招募的个人或者组织，负责销售供应链体系内产品。分销商将个人或组织流量转化成销售订单，能够降低存货水平与采购成本，有营销渠道、流量的个人和企业均可参与。供应链平台以服务产业为主要目标，不赚取高额利润，分销商佣金比例高。分销商只需要进行线上展示，推荐销售即可，有条件的也可以开设线下展厅。

（4）物流商。平台凭借物流数量上的优势，与第三方物流谈判，以更低价格解决产品配送问题，从而降低成本。

（5）金融机构。以供应链平台企业的产品销售情况为依据，由金融机构为企业提供在线供应链金融服务，解决金融信息不对称造成的融资难、融资贵难题。

2. 基本做法

依托呼伦贝尔物产供应链平台，在农投公司（服务商）的组织下，实现了销售渠道全面拓宽。

（1）线下渠道。①大客户采购：包括扶贫采购、大型餐饮供货、商超对接、机关食堂采购、礼品采购等。②餐饮体验店渠道：与知名餐饮企业合作，以呼伦贝尔牛羊肉等为主营产品，并开设店中店进行体验消费。③在北京、上海、广州等大城市招募加盟经销商，开设展销厅、社区店等。

（2）线上多平台进行电商、直播卖货。①在天猫、京东、抖音、快手、微博、今日头条、微信、礼物定制等线上平台开设旗舰店，通过专业团队运营，补齐本地电商营销短板，融入电商大市场中。②全国范围内广泛召集分销商。通过推广活动以及激励、扶持政策，邀请电商企业、创业青年、兼职人员、大学生等参与分销，助其线上开店创业。③新零售渠道：在社区团购、盒马鲜生等平台开设专柜展销，并定期举办营销活动。④直播活动：呼伦贝尔物产展示中心开设500余米² 专属直播基地，引导"网红""大V"直播带货。

（三）典型案例

呼伦贝尔物产供应链平台于2020年9月正式投入运营，整合了全市151家农畜产品加工企业的1 000余款产品，开通淘宝、有赞等线上电商旗舰店，打通盒马鲜生、国美真快乐、本来生活网等20余个中高端渠道，带动企业增收3 000万元以上。

为提升呼伦贝尔物产供应链平台运营管理水平，做好销售渠道建设，建立了集线下展销、线上直播及物流发货于一体的呼伦贝尔物产展示中心，并于2020年9月正式投入运营。展示中心经营面积2 700多米²，包含中国呼伦贝尔本地以及俄罗斯、蒙古国共100余家加工企业供应的上千款产品。展示中心分为三大部分，分别为区域公用品牌展厅、呼伦贝尔物产展销中心、呼伦贝尔物产直播电商基地。展示中心已举办了多场大型促销活动，并在多个省份进行产品线上销售和分销商招募的广告投放，同时，针对旅游季开展了旅行社分销带货工作。

（四）工作成效

1. 建立信息共享网络，节约交易成本

呼伦贝尔物产供应链平台的建设实施，使本地多品类的加工企业共享数字化、互联网、物流快递等服务，结合电子商务整合供应链，大大降低了供应链内各环节的交易成本，缩短了交易时间，企业实现了降本增效。

2. 拓宽销售渠道，增强品牌溢价能力

运用"区域公用品牌+企业品牌"的品牌集群效应，带动企业共同参与线上营销、线下推广活动，帮助企业拓宽市场渠道，有效解决过去"企业各自为战，产品走不出去，形不成规模"的问题，使品牌产品进入高端消费市场，品牌产品销售价格提升 20% 以上。2021 年，呼伦贝尔草原羊肉、牛肉、蓝莓在本地市场平均销售价格分别为 88 元/千克、86 元/千克、138 元/千克，在进入盒马鲜生、天猫、国美等中高端销售渠道后，品牌溢价能力明显提升，平均销售价格提升到 145 元/千克、134 元/千克、212 元/千克，溢价率分别达到 65%、56%、54%。

3. 做大做强农产品宣传推介平台

线下搭建的呼伦贝尔物产展示中心成为全市首家实现线上、线下相结合的综合性农产品宣传服务平台，也是呼伦贝尔市农牧业龙头企业和特色农产品品牌推广、对外展示形象的重要窗口。除了为本地市民消费提供一个种类全、质量有保障、价格实惠的消费场所，还接待了大量外来游客、农产品采购商、合作伙伴和企事业单位采购，开拓了中高端消费市场，助力了消费帮扶、乡村振兴和农牧民增收。

4. 以订单优化生产，推动产品升级

高端客户和集团订单，会对产品质量提出更高要求，倒逼企业生产的产品升级。这种机制必将促进整个产业的升级，提高农牧民、加工企业等产业链各环节收入。

5. 运用品牌化思维，将供应链技术环节转化为品牌效益

以产品整合、全渠道营销为突破口，抓住呼伦贝尔大力实施品牌战略的窗口期，共建呼伦贝尔物产大农业品牌。通过有效的供应链管理和品牌活动，提升呼伦贝尔农牧业综合竞争能力和品牌溢价能力，推进市场机制建设，构建线上线下融合的销售渠道，使呼伦贝尔农产品从"知名"向"热销"转变。

二十四、重庆市——"巴味渝珍"引领数字
农业电商直播产业

"巴味渝珍"引领数字农业电商直播产业发展模式，经过5年的实践运营，已形成"有品牌、有云库、有通道、有模式、有队伍、有数据、有园区、有服务"的"8有"基础，同时始终坚持政府引导、市场主体，坚持需求导向、注重实效，坚持先行先试、稳步推进，坚持广泛参与、利益共享的可持续发展机制，在持续运营过程中，对推动一二三产业融合发展，助力农民脱贫增收，赋能乡村全面振兴等发挥了非常重要的作用。

（一）发展情况

"巴味渝珍"是按照《农业部关于2017年农业品牌推进年工作的通知》（农市发〔2017〕2号）及《重庆市人民政府关于加强农产品品牌建设工作的意见》（渝府发〔2018〕3号）等文件精神，经重庆市农业农村委员会统一规划设计，创建覆盖全市农业全产业、全品类的农产品区域公用品牌，其宗旨是维护重庆市农业各行业优质品牌的合法权益和共同利益，实施重庆农产品品牌发展战略，发挥品牌对产业的引领作用，打造重庆市优质农产品品牌形象。

"巴味渝珍"重庆农产品电商平台，是重庆市农业农村委员会紧紧围绕"互联网+农业"这一细分领域，牵头打造的农产品电商资源汇聚公益平台，旨在发挥市场需求的导向作用，汇聚全重庆市优质农产品资源，更好满足广大市民对绿色、优质、安全的品牌农产品、原生态农产品的消费需求。通过互联网、大数据、人工智能等新技术应用，让全市的农产品快速上网，促进千家万户小农户有效对接千变万化大市场，进一步增强农民开拓市场、增加收入的能力，更多分享品牌溢价收益。平台于2018年1月19日正式上线，由禾茂公司负责平台的建设及全面运营。

为贯彻落实国家《数字乡村战略发展纲要》《"十四五"全国农业农村信息化发展规划》等文件精神，抓住数字经济发展重要战略机遇，大力推进农

业与数字经济深度整合发展，重庆市农业农村委员会围绕"电商直播+农业"这一细分领域，突出科技为农、数商兴农、品牌强农，整合资源打造数字农业电商直播产业园，旨在通过产业园汇聚农产品、人才、联盟、服务、媒体、数据等资源，结合实体商业经济活动开展全方位运营，综合赋能全市乃至西部地区现代农业产业高质量发展，引领高品质生活。

（二）主要做法

"巴味渝珍"引领数字农业电商直播产业发展模式，是以品牌为引领，以农产品供应链为基础，以农业科技为动力，以数字经济为抓手，以电商直播等新经济业态为推力，构建起来的覆盖农业全产业链的创新模式，通过 5 年的实际运营和探索，这一新模式在带动农产品的销售、促进农产品供应链效率提升、品牌升级改造、市场服务能力提升、数字化全面转型等方面效果明显，有效助力农民脱贫增收，赋能乡村全面振兴。

1. 精准对接，让重庆农产品"聚"起来

通过"聚产品、聚服务、聚宣传、聚渠道"的整合运营方式，打造全市农产品数字化资源库，将全市农产品及供应链信息全部实现数字化转型，实现全市农产品云端集中汇聚、统一调度。一是深入区县开展农业企业"面对面"培训，引导农业生产经营主体完善电商标准，助力农产品上行。二是特色产业"点对点"对接，平台已上线城口山地鸡、巫溪洋芋、酉阳茶油、彭水苏麻、丰都麻辣鸡等特色产业产品。三是开展农特产品"一对一"服务，平台实现一区县一专区、一企业一店铺、一产品一网页，打造了 38 个特色家乡地，用户可精准搜索各区县的特色农产品，开设乡村振兴山城特色帮扶产品在线专区，让广大市民可轻松实现在线一键购买。

目前，"巴味渝珍"平台已汇聚上线全市品牌农产品 9 963 款，超过 2 万款原生态产品入库，涵盖全市 38 个区（县）近 3 000 家企业，充分发挥打通农产品产业链、优化供应链、提升价值链的作用。

2. 抱团推广，让特色农产品"走"出去

发挥市级平台汇聚调度作用，多渠道、全方位整合知名平台、线下渠道等资源，累计带动上亿元交易额。

一是加强网络销售新业态资源整合，以"巴味渝珍"平台为载体，与市委直属机关工委建立的红岩魂智慧党建平台深度合作，开设消费帮扶商城；与淘宝、拼多多、抖音、快手、度小店、西瓜视频、新华99、重庆好礼等平台合作开设"巴味渝珍"品牌旗舰店并定期开展活动，构建场景体验式直播电商消费场景，带动销售，推动重庆农产品享受直播电商带来的红利。二是结合广告宣传，实现宣传与销售的融合体验消费，联合中央电视台品牌强国工程，甄选全市范围特色农产品进行宣传，江津花椒、永川秀芽等产品在中央电视台多个频道进行热播并开通二维码购买渠道，全国用户轻松实现一"扫"即得；联合重庆广电集团（总台）推出大型媒体寻访报道"630寻珍味"之"巴味渝珍"专栏，在重庆新闻频道"天天630"栏目定期播出，让观众跟随记者访山珍之丰富、品珍馐之众多，深入挖掘各区（县）优质特色农产品，实现方便快捷购物。三是深化鲁渝协作，共建合作发展新格局。以"巴味渝珍·香落齐鲁"为主题，开展"鲁渝协作消费帮扶产销对接活动"，推动"巴味渝珍"品牌产品走进山东，举办现场展销、品鉴、抽奖等活动，推动"巴味渝珍"品牌农产品走进千家万户。

3. 模式创新，让农产品产销对接"活"起来

采取"1+1+N"模式策划系列线上线下活动，对接市级部门、科研院所、采购平台渠道等资源，深入实施产销对接。一是开展"1"项重庆市农产品电商销售帮扶行动计划，通过宣传推介特色产品，搭建农产品电商企业与农业企业交流对接的平台，研讨产业发展，完善联农益农带农利益联结机制等形式，晒成绩、晒经验、晒亮点，促进产销深度对接。二是实施"1"系列特色农产品进机关、进社区、进食堂等活动服务，组织对口帮扶区县特色农产品、"巴味渝珍"品牌授权农产品、区县特色农产品等走进重庆市委直属机关工委、重庆市市场监督管理局、重庆市农业农村委等单位现场推介，通过试吃体验、问答抽奖，让用户充分体验了解产品特点，推动持续消费。三是搭建"N"个线上云区主题专场，以"巴味渝珍"平台及合作平台为基础，构建品牌专区、二十四节气专区、节庆活动专区、线下活动云上馆等，开展各类线上云区赶场活动，以活动促进消费升级。

4. 平台经济，让服务"专"起来

通过数字农业电商直播产业园，全面整合农业领域相关资源，遵循专业人做专业事的原则，按"1+N"方式进行运营，即"1"个牵头运营单位，"N"个专业服务单位融合运营，构建生态运营总部平台经济，打造八大专业服务中

心，全方位解决农业产供销以及服务链条上的产品、人才、销售、监管等各方面问题。

八大专业服务中心：一是农产品供应链服务中心，整合全市农产品及供应链，构建全市农产品数字云库，实现全面统一调度，集中对接电商直播等营销资源。二是电商直播活动中心，在产业园打造"巴味渝珍"中心直播间以及数个场景直播间，结合市级、区级、基地等线下实景，开展按区（县）、按品类、按季节、按主题的电商直播活动，利用电商直播手段拉动农产品的市场销售，进一步推动数字经济促进农业产业的发展。三是市级农产品仓配中心，实现农产品交易的集中仓配保障服务。四是"巴味渝珍"品牌农产品交易中心，面向市场打造线上线下融合交易体验的城市级品牌农产品交易中心，形成市级农产品市场交易指数。五是电商直播数字运营中心，通过农产品电商直播的全过程数字化管理，汇聚监管全市农产品的产品数据、流通数据、市场数据，进行数据监测和分析，形成精准产销数据沉淀，用数字化手段指导重庆农业产业的高质量发展。六是电商直播培训中心，对农企代表、基层信息员、"三农"达人、高校学生等人群开展电商直播技能培训、产品资源对接、直播活动策划实施等服务，构建全市电商直播人才数字云库，实现统一调控，精准调度。七是农业联盟服务中心，汇聚全市乃至全国的数字农业创新联盟、电商联盟、产业联盟、直播联盟等，联动联盟资源开展农业产供销全产业链服务。八是农业孵化服务中心，对农业企业提供品牌打造、数字化转型、融资对接、发展扶持等全方位服务，孵化有潜力的农业企业做大做强。

5. 数字管理，让产销数据"用"起来

通过对农产品产销服务的全过程的数字化管理，汇聚监管全市农产品的产品数据、流通数据、市场数据，进行数据监测和分析，形成精准产销数据沉淀，用数字化手段助力重庆农业产业的高质量发展。

（三）工作成效

1. 社会效益

通过5年"巴味渝珍"引领数字农业电商直播产业发展模式的探索实施，效益明显，既提高了政府对重庆农产品的管理能力和服务能力，又为公众提供及时、精准的农产品信息，也为农业企业提供电商规范、行业数据分析。提高政府对农产品发展规划的准确性，为公众和企业提供高效快捷的服务，树立良好的服务型政府形象，同时，更大程度地确保高品质的特色农产品规模性进入市场，提高优质农产品流通水平整体水平，加快推进数字化产品与服务在农产品的应用和示范推广。激励农业企业、个人的生产热情，提高其参与感和获得感，倒逼市场营造更健康、更安全、更可靠的农产品流通氛围。促进形成龙头企业带动强、小微电商参与多、网销产品开发新、集聚效益提升快的良好局面。

2. 经济效益

经过 5 年的探索实施，充分挖掘产品的数据信息，满足消费者对产品生产过程的好奇感，提振对产品的信心。一是有助于实现产品"宽角度、广领域、深层次"宣传推广，深度挖掘巴渝农产品内涵，壮大绿色、有机、地理标志和良好农业规范农产品规模，积极开展优质农产品牌推介，创新农产品营销方式，挖掘农产品文化内涵，提高重庆品牌农产品影响力，聚焦更多现存用户和潜在用户对"巴味渝珍"品牌引领农产品的关注。二是有助于实现平台产品资源要素向数据化、资本化转变，充分挖掘平台优势资源，扩大资源汇聚能力，优化决策服务，弥补经营损失，增强用户使用体验感，拉近消费者距离，降低运营成本，扩大收入来源，形成新的可持续发展能力。三是有助于推动农业企业转型升级，通过数字化转型实现体系优化、创新、重构，进而提升效率、提高质量，获取个性化、动态化的价值和新的增量空间。

（四）未来发展计划

"巴味渝珍"将持续发挥市级区域公用品牌的引领作用，做深做实数字农业电商直播产业园，夯实"1 总部+8 服务中心"的能力和带动作用，持续探索"1+10+100"的市级数字农业电商直播运营模式，即 1 个市级数字农业电商直播产业园，10 个区县数字农业分基地，100 个产业电商直播点，通过多级体系持续夯实农业产供销全产业链的运营基础，完善农产品电商资源汇聚并打造全市农产品电商品牌标准形象及服务模式，加快推进农业产业数字化、数字产业化进程，提高农业综合效益和竞争力，带动农民增收，促进农业高质量发展。

第四章

专题报告

专题一 客观认识 2021 年农产品网络 零售增速 "骤减"

商务部《中国电子商务报告（2022）》发布数据显示，2021 年全国农产品网络零售额为 4 221 亿元，同比增速骤降为 2.8%，引发各界对农产品网络零售市场健康持续发展的高度关切。对此，组织专家进行了专题研究，分析认为增速大幅下降的主要原因有两个：一是新冠疫情期间线上消费暴增后的回调；二是新平台新模式分流，增量转移至新平台，但未纳入现有统计范围。总体上看，农产品电商已从"蓝海市场"变为"红海市场"，从快速发展进入攻坚克难的关键时期，迫切需要转变政策思路，从注重电商销售转向优化升级产业链供应链，进一步夯实农产品电商持续健康发展基础。

（一）全国农产品网络零售现状

据商务部历年发布的《中国电子商务报告》数据①显示，2017—2021 年，全国农产品网络零售额分别为 2 437 亿元、2 305 亿元、3 975 亿元、4 159 亿元、4 221 亿元，同比增速分别为 53.3%，33.8%、27%、26.2% 和 2.8%。根据中国农业科学院农业信息研究所监测数据，2021 年农产品网络零售额 6 125 亿元，同比增长 6.7%，显著低于 2019 年、2020 年 38.1%、32% 的同比增速。

（二）2021 年农产品网络零售额 "增速骤减" 的主要原因

1. 新冠疫情期间线上消费暴增后的回调

经过近几年的快速发展，农产品电商市场逐渐成熟，增速趋于下降。2020 年新冠疫情突发，线下消费渠道受阻，在政府引导和各大平台的补贴政策之下，线上消费被有效激发，新增网购用户数量和农产品网络零售额激增，部分

---

① 2018 年商务部对农产品网络零售统计口径进行调整，同比增速按可比口径。

预支了农产品网络零售的增长空间。据中国消费者协会和人民网 2020 年调研结果，受新冠疫情影响，近六成受访者线上消费超线下消费，一半以上的受访者表示食品类线上消费比例加大。2021 年随着疫情缓解，线下渠道基本恢复，许多消费者转回线下。根据全国城市农贸中心联合会测算，2020 年全国农贸市场交易额较 2019 年下降约 5%，但 2021 年上半年较 2019 年同期增长 0.54%，整体已恢复至正常交易水平。

2. 新平台新模式分流，但未纳入现有农产品网络零售额统计范围

新平台新模式主要包括以下几类。

（1）直播电商。据了解，仅 2021 年第四季度，快手、抖音两个平台的农产品网络零售额就达 227 亿元。随着直播平台开始增设店铺和购物车等功能，用户可以直接在平台下单，不再引流到传统电商平台，对传统电商平台的分流作用愈发明显，与传统电商平台从合作关系转为竞争关系。

（2）社区团购。新冠疫情期间社区团购呈加速发展态势，艾媒咨询数据显示，2020 年国内社区团购市场规模为 720 亿元，2021 年约 3 000 亿元，其中生鲜产品占一半以上。据了解，2021 年美团优选农产品网络零售额达 335.3 亿元，2021 年第四季度兴盛优选农产品网络零售额达 85.2 亿元。

（3）本地化中小电商平台。消费市场下沉，带动一批以小规模、本地化为特点的区域性电商平台加快发展，一般以区域内消费者为服务对象，线上线下相结合，线上下单，当天或次日送达，产品新鲜度高，品类丰富，很受消费者欢迎。

3. 新冠疫情对部分线上消费有负面影响

由于点状疫情在多地陆续发生，部分风险区实行封锁政策限制，导致快递物流延迟或受阻，农产品供应链风险加大，既影响消费者网购体验，也导致许多网络商家观望情绪严重。送货延迟会显著提高退货率、差评率，生鲜农产品更是如此，许多采用先收货再销售模式的商家，不敢大量收发货，为降低风险转向线下渠道。

（三）农产品网络零售发展面临的主要问题和瓶颈

1. 农产品标准化、品牌化、组织化程度低，竞争能力弱

很多网销农产品还处于原始状态，没有品牌、来路不明、没有包装，混装

走货、不分规格、有产无量、没有售后服务，难以适应不断升级的消费需求。根本原因在于组织化程度低，缺乏高效协同的产业链支撑，在生产加工、仓储物流、市场营销、质量控制等方面不能形成一体化的组织体系，单打独斗面对大市场，后续发展乏力。当前，网络销售市场监管日渐规范，很多加工农产品、地方特色食品出自家庭作坊，很难达到食品生产许可（SC）等相关要求，无法在网上合规销售。

2. 农产品物流配送软硬件不健全，快递物流成本居高难下

相对工业品下乡，农产品出村难度更大，弱项和短板突出，特别是农产品产地冷藏保鲜设施缺乏，仅能满足20%的产业发展需求。农村物流配送资源整合不够，"满车来空车去"，单向物流较多。与传统的线下渠道相比，产地直发等网络零售模式能减少流通环节，降低交易成本。但农产品单体重、体积大、易腐烂，物流配送费用高，削弱了这一优势，偏远地区更是如此。许多生鲜农产品，需要采用保鲜防磕碰包装和冷链运输，进一步抬高了成本。2021年，随着人工费、燃油价等上涨，多家快递公司涨价，降低物流成本更是难上加难。

3. 农产品电商要素支撑体系薄弱，人才、资金、服务短缺

在人才方面，根据《2020中国农村电商人才现状与发展报告》，2025年我国农产品电商人才缺口将达350万人。受工作环境、薪酬等多方面条件限制，农产品电商难以吸引到优秀的人才，除了企业家式的电商创业人才，技术性较强的运营推广、美工设计等人才也非常缺乏。目前从事农产品电商的人群中，大学文化程度人员占比仅为16.5%，初中、高中文化程度人员占比分别为50.0%、32.5%。农产品电商培训普遍存在效果不佳、延续性不强的情况。在资金方面，农产品电商主体大多规模小、流水少、资产轻，针对性的金融产品创新不足，普遍存在融资难、融资贵的问题。在服务方面，县域电商服务体系不健全，提供农产品电商服务的平台和企业少，社会化服务严重滞后，农产品电商的健康规范发展，缺少专业电商团队的服务支撑。

4. 流量竞争激发价格竞争，尚未形成优质优价的良性机制

"优质优价""按质论价"是推动农产品电商持续健康发展的市场机制。在网络平台，农产品价格透明度高，但质量信息不对称性强，容易发生"劣币驱逐良币"现象。一方面流量成本日益高涨，增大了营利难度。流量一直是网络市场竞争的关键。随着直播电商、社区团购等新零售模式不断涌现，农

产品电商市场的流量越来越分散，商家不得不采取多平台多模式运营的方式，人工成本、推广成本激增，甚至比传统模式的中间商成本更高，许多商家因为"光赚吆喝不赚钱"而退出电商市场。2021年，陕西、北京、黑龙江、天津、甘肃等多个省（市）在淘宝和天猫平台的网商数同比减少了20%以上。另一方面，流量竞争易激发价格竞争，导致"低价营销"。随着电商平台和商家之间的流量竞争愈演愈烈，"悲情营销""低价营销"等营销手段盛行，强化甚至固化消费者对"网销农产品就应该低价格"的认知，妨碍"优质优价"的消费信任在网络渠道确立，给农产品网络营商环境、农业产业发展带来一系列负面影响。

（四）推进农产品网络销售持续健康发展的政策建议

农产品电商是农村现代流通体系的重要组成部分，是信息流、技术流、资金流和人才流等组成的经济要素综合流，也是建立现代农业产业体系、促进乡村产业振兴的重要支撑。有必要进一步认识农产品电商在乡村振兴战略中的重要作用，树立抓电商就是抓产业、抓发展的思维，把农产品电商作为乡村产业振兴的"衣领子"，进一步做大做强做活农产品电商产业，推动农产品电商与农业产业深度融合发展，健康有序发展各类电商新模式，充分发挥电商渗透融合作用，引领带动乡村全面振兴。

一是加强顶层设计，优化政策供给。把农产品电商作为建设现代农业产业体系、农村现代流通体系和数字乡村的结合点，加强生产、加工、流通、销售各环节政策衔接，统筹谋划政策设计和项目布局，形成政策合力，纳入乡村振兴考核指标，层层抓好落实。设立支持农产品电商产业发展专项资金，对积极发展农产品电商、带动产业链优化升级成效突出的县级政府予以适当奖补。鼓励地方根据当地产业发展需求，因地制宜创新政策支持方式，建立健全支持政策体系，在基础设施、服务、用地、用人、租金、税收等各方面探索支持措施。坚持政府引导、市场主体原则，积极培育各类市场主体、激发市场内生动力，实现可持续发展。

二是加强基础设施建设，提升电商供应链的基础能力。依托农产品产地冷藏保鲜整县推进试点等项目，探索推进农产品电商产业园建设试点，形成集产地加工、仓储、物流、电商等多种功能于一体的综合产业园区。加快实施

"互联网+"农产品出村进城工程,以县域农产品产业化运营主体为龙头,以市场需求为导向,以品种培优、品质提升、品牌打造和标准化生产为核心,以现代信息技术和电商大数据为纽带,引导带动产业链上下游各类主体,构建新型农业产业链供应链。加强农产品区域公用品牌建设,加快产供销全链条一体的标准研制和推广应用,推动建立长期稳定的产销对接机制,着力拓展电商农产品价值链增值空间。

三是加强电商服务体系建设,提升农业经营主体的网络销售能力。推进县域电商服务体系建设,加快本地化运营商、分销商、服务商等主体培育,提高本地化电商服务水平。完善电商人才培训机制,对农产品电商从业人员开展分层分类培训,加强技能型、运营管理型电商人才培养。依托现有培训机构,分别在东部、中部、西部设立一批直播电商实训基地,鼓励各地培育本地农民主播,实现一镇一主播。组织电商企业和专家到部分乡村振兴重点帮扶县,开展电商专题培训和平台对接活动。组织开展"中国农民丰收节金秋消费季""农产品年货大集"等农产品专项促销活动,以及全国农产品电商技能比武大赛等。

四是加强电商数据监测应用,提升政府部门的管理服务能力。适应农产品电商新模式新业态快速发展特点,加大对电商理论和前沿模式的跟踪研究力度,不断调整优化农产品电商数据监测方法,更好地掌握农产品电商发展动态。加快制定发布"农产品网络零售"分类标准,统一农产品电商统计监测口径,加强与各大电商平台的数据对接,加快制定和完善农产品电商数据的汇集、共享、会商机制。加强优质特色农产品全产业链大数据建设,开展生产、流通、销售各环节的统计监测。在电商年度报告基础上,发布季度报告、月度报告,以及重点类别农产品电商报告,指导电商规范发展。

五是优化电商生态,营造良好发展氛围。统筹推进线上线下流通体系建设,充分利用互联网提高农产品零售和农产品批发的对接效率,大力发展B2B、交易撮合等B端农产品电商,引导规范发展社区电商、直供直配、O2O等新模式,构建多元化的农产品现代流通体系。营造农产品电商良好竞争秩序,监管、规范与发展并举,引导农产品网络零售从流量竞争转向品质竞争和供应链效率竞争。推动行业自律,出台相关农产品经营自律公约,引导相关方抵制低价倾销、刷单等扰乱市场秩序的行为。加大宣传推广力度,评选发布全国农产品电商典型案例、"互联网+"农产品出村进城典型模式和优秀企业。

专题二　规范直播经济　赋能"三农"发展

　　近年来，直播等互联网新产业新业态快速发展，农业农村部有关部门密切关注、加强培育网络直播新业态，开展了多项工作推进直播助农，促进直播经济健康发展，取得了积极成效。利用网络直播实现农产品产销对接、推进乡村产业振兴、人才振兴、文化振兴，逐渐成为乡村振兴建设的新潮流、新亮点，直播经济在赋能"三农"发展、推进乡村全面振兴中不断释放新动能。但同时要注意到，直播在农业农村领域的实践仍存在野蛮生长、监管不足等一系列的问题，针对这些问题，本专题研究提出了促进直播经济规范健康发展的工作思路和政策建议。

（一）农业农村部有关部门在促进直播经济规范健康发展方面的重点工作、成效和典型案例

　　1. 出台相关政策对直播经济进行引导和规范

　　（1）加强直播电商的政策引导。2020 年 5 月，农业农村部制定了《"互联网+"农产品出村进城工程试点工作方案》，明确指出要"探索社交电商、直播电商等新模式""形成多样化多层次的全网营销体系，进行全网整合式销售"。2021 年 11 月，农业农村部发布了《关于拓展农业多种功能促进乡村产业高质量发展的指导意见》，指出"到 2025 年，农村电商业态类型不断丰富，农产品网络零售额达到 1 万亿元，新增乡村创业带头人 100 万人，带动一批农民直播销售员""依托信息进村入户运营商、优质电商直播平台、直播机构和经纪公司，发展直播卖货、助农直播间、移动菜篮子等，培育农民直播销售员"。

　　（2）引导直播电商健康规范发展。针对个别地方农产品电商直播时存在品牌建设不到位、品质保证不严格、产销服务不完善等问题，2020 年 5 月 20 日，广东省农业农村厅出台《关于进一步规范视频直播活动促进农产品直播营销健康发展的通知》，要求不"亏本赚吆喝"、不得盲目攀比"直播人气"，

规范农产品直播营销。

2. 采取具体行动推动电商助农直播

（1）新冠疫情期间组织互联网平台开展助农直播。2020 年年初新冠疫情发生以来，农业农村部充分发挥互联网平台的积极作用，与各大电商平台共同开展爱心助农、直播带货等活动，助力农产品销售。此外，还指导中国优质农产品开发服务协会与新浪微博、央视新闻和快手等联合举办"谢谢你为湖北下单"公益带货直播活动，销售额超过了 1 亿元。

（2）利用节庆、展会等推动直播电商常态化。结合农民丰收节、博览会、展销会等机会，农业农村部及各地农业农村部门组织开展电商直播活动，拓展线上销售渠道，扶贫助农。2020 年农民丰收节期间，农业农村部联合中央广播电视总台、中华全国供销合作总社共同发起金秋消费季活动，邀请广大电商平台、直播平台等主体共同参与，进行专场农产品直播带货活动。指导相关行业协会、电商平台、龙头企业组建"全国农产品视频直播公益服务联盟"，聚合短视频和直播资源，引导直播经济朝着组织化、规模化、规范化方向发展。黑龙江省农业农村厅成立了"黑龙江省农产品直播合作联盟"，组织开展"金秋消费季"等直播活动百余场，营销额超 2 000 万元。青海省农民丰收节金秋消费季产销对接会上，利用农畜产品直播带货、短视频+订单等方式，网络销售青海特色农畜产品 300 余万元。

3. 加强农村主播培训和直播基地建设

农业农村部相关部门通过培训农民主播、组织直播大赛、建设直播基地等形式，不断培育加强直播带货的能力。2021 年 4 月，农业农村部主体人才和支撑人才培训班在湖北省来凤县武陵山国家农民培训基地举办，以农产品直播电商的相关理论、技术和实操为主要培训内容。2021 年，江苏省农业农村厅联合省有关部门和省互联网协会，在江苏省丰县、泗阳和灌南等地举办 17 期"苏货直播"新农人培训班，指导有关企业围绕直播电商技能开发专业课程，培育熟练掌握直播技巧的新农人约 2 000 名；组织"江苏农产品苏宁易购全国直播大赛"，将江苏优质农产品推向全国的同时，提升农产品网络营销水平，累计销售江苏农产品达 1 515 万元。江西省通过"三融合一创新"，将农民手机应用技能培训、职业农民培训、12316 推广活动等相融合，创新组织开展"赣鄱带货王"助农直播大赛，充分调动广大农民群众的参与积极性，培训的农民总人数达到 5 000 人次，直播大赛现场单日销售额达 70 万元。北京市将益农信息社与"产业振兴"相结合，镇级推行"一镇一店一品牌一直播"，打造镇级电商直播基地。

4. 各地积极探索直播助农新模式，取得一定成效

案例一："网络+现场"擦亮云品牌

在农业农村部《关于做好首个国际茶日有关工作的通知》要求下，云南省农业农村厅协助当地政府于 2020 年 5 月 18—21 日，开展了"云南春茶线上采"暨 5·21 国际茶日"云茶荟"系列活动。活动采用"网络+现场"相结合的方式，聚焦宣传云茶产业、升级茶饮消费体验、创新销售模式。同时，云南省农业农村厅主要领导以及普洱、西双版纳、临沧 3 个州市政府领导直播带货，服务茶叶企业、促进农民增收。普洱茶抖音直播基地还组织了"来云南过茶节"的云茶专场直播活动。"网络+现场"的形式为首个国际茶日的成功举办起到了重要支撑作用。

案例二：奥运冠军助农带货"荆楚农优品"

在湖北省农业农村厅和湖北广播电视台的指导下，以"中国年荆楚味"为主题的荆楚农产品年货节，通过湖北"网红"带货直播、线上线下专区展销的方式，全方位推介湖北特色农产品，多角度呈现湖北农产品区域公用品牌形象，深度挖掘埋藏在味蕾中的荆楚记忆。2022 年 1 月 18 日下午，在龟山电视塔举办的 2022 荆楚农优品年货节网络直播带货的活动现场，湖北籍奥运冠军刘蕙瑕、羽毛球世界冠军王晓理走进直播间，向全国的"粉丝"推介湖北特色农副产品。冠军们化身荆楚农优品"好物推荐官"，让直播间一片火热。接地气的直播推介，让观众们看到了世界冠军顽强沉稳背后具有烟火气的另一面，也让大家记住了极具荆楚风味的美食特产。此次年货节直播带货活动，除了龟山电视塔主会场外，还设立了江汉区沿江一号分会场，以及星享生活、仟川控股、武昌首义学院直播基地等多个直播点。多点联动同时开播，首播 1 小时即实现销售额近 80 万元。

案例三："直播带货"助力农产品出村进城

江西省遂川县是农业农村部"互联网+"农产品出村进城工程的试点县，遂川县农业农村局为让更多农民朋友掌握"新农技"，圆"宅家卖货到全国"梦，先后举办电商直播培训班 20 多期，培训学员 600 多名，组织电商团队负责人"手把手"带徒实战操作，布置各具特色的直播间，每天 18 小时滚动直播，涌现出快乐的范范、王梓萱、张克芸等直播带货达人。在 2021 年江西农民丰收节、湘赣边首届直播带货创新创业大赛、农博会、短视频等赛事活动中，遂川县均捧回了奖杯、奖牌或证书。在一声声略带方言口音的卖力吆喝中，"山货"变"香饽饽"，达人们也成为"网红"，各色各样绿色、健康、有机，包装精美、富有文化内涵的农特产品"飞"出大山，"走"向全国各地。

案例四："线上梨花节"拓宽线上销售渠道

2021 年 3 月，河北省威县梨花节将通过视频直播"云赏花"的形式举行，以"云游梨花海　旅动威县红"为主题，"线上梨花节"邀请京津冀网络达人等通过现场直播、精彩短视频、图文等多种形式，将梨乡美景、优势文化资源装进"云"端，通过举办河北省品牌农产品"带货王"大赛、河北省乡村振兴公益视频大赛暨品牌农业线上展播、"蚂上助农河北站"等活动，把品牌产品植入"网红带货"链条，向电商销售平台引流，拓宽农产品线上销售主渠道，在河北省形成直播带货示范带动效应，直接经济效益超过 10 亿元。

（二）直播经济在赋能"三农"发展、培育全面推进乡村振兴新动能中的作用和意义

1. 降低电商进入门槛，拓宽农产品销售渠道

网络直播有利于打破传统互联网电商的瓶颈，降低电商的从业门槛。农户用一部联网的手机就可以通过短视频及直播等形式，将优质农产品和农村原生态的资源直接呈现给消费者，对消费者进行有效引流，拓宽农产品销售渠道。新冠疫情期间，在政府支持和平台引流下开展的助农直播活动，许多"养在深闺人未识"的优质农产品，快速打开销售市场转为"网红"产品。直播能为卖家和消费者提供即时互动的平台，有效增进对产品的信任，促进产销对接。2020 年，抖音累计帮助 42 779 家湖北商家直播带货，销售额达到 41 亿元。特别是在产地现场、田间地头等一线场地拍摄的短视频和网络直播，可以使农产品生产信息更加透明化，优化消费者的购物体验，提高消费者的需求黏性。截至 2020 年年底，淘宝直播村播计划带动农产品上行 150 亿元。直播助农成为当前实现精准助农、"造血"助农的一种有效方式。

2. 催生乡村新产业新业态，创造创业就业机会

直播带货、短视频营销等不仅带动了交易额的快速增长，还催生了一系列围绕电商直播产业出现的新产业形态，创造了更多在乡村就地创业和就业机

会。许多文化水平低、劳动技能单一的农村妇女、留守农民被培养成为农村本土直播"网红"和电商达人。到 2020 年年底，淘宝直播村播计划累计孵化 11 万名新农人主播。除了外界熟知的主播外，还出现了助播、选品、剧本策划、运营、场控等多种新就业形态。受新冠疫情影响，很多进城务工人员无法返回工作岗位，"直播+电商"新业态吸引了年轻人返乡入乡、创业创新，为农村人才振兴提供了动力。直播经济为新农人赋予增收致富的新动力，"农民当主播、手机变农具、直播成农活、数据为农资"。许多主播成为带动当地村民致富的带头人，农村吸引人才"回巢"的吸引力变得更强。

3. 推动乡村产业升级，促进三产融合发展

直播电商从消费端出发，快速聚合消费者需求，有助于推动生产端种、养、加的"以销定产"，促进产业的规模化、标准化和品牌化。不管是"头部主播"还是公益直播带货，对进入直播间的产品都设定了一定的门槛，也更青睐已经完成了标准化、品牌化，拥有完善售后体系的优质"好物"。电商直播带货的辐射带动，对产品质量、加工、包装、物流等一二三产业链都提出了更高的标准和要求，有助于推动农村产业升级转型。如山东省曹县借助直播电商从全国最大的演出服饰加工基地转型为全国汉服设计、生产、销售中心；陕西省武功县依托仓储、物流、供应链的整合优势，成为中国西北地区农副特产的重要直播电商基地，反过来又推动当地产业提档升级。

直播带货、乡村生活短视频，在传递乡村美景好物的同时，为县域文旅产业的资源转化和农文旅融合发展提供了契机。许多户外的农村电商直播，用参与式体验的方式告诉观看者切实的感受，利用短视频积聚起来的网络达人效应，吸引受众的关注、体验与消费，不仅宣传了特色鲜明的农产品，也展示了各地的田园风光、乡村文化，带热了农家乐、民宿、特色节日庆典，推动了乡村旅游产业的发展，开辟出脱贫致富的新路子。

4. 传承创造优秀乡村文化，推动城乡互动一体化发展

直播为畅通城乡生产消费关系和改善城乡二元结构带来了契机。一方面，直播为农民、农村、农业提供了进入城乡网民视野的有效路径，让更多的人物、景观、文化得到关注，为乡村文化振兴开辟了一条渠道。农村直播是许多平台上非常受欢迎的直播类型，因为长期的城乡"二元"结构以及近年来的快速城镇化，乡村成为一个让许多市民难忘但又回不去的地方。通过直播和短视频，民风民俗、古村落建筑、特色风味、生活智慧等传统农耕文明得到了传

播推广，优秀的乡村文化实现了传承和创造，也为不同地域、不同文化背景的人群提供了丰富多样的体验场景。另一方面，直播也为农民打开了一扇开眼看世界的窗口。直播对城乡美好生活的展现，有助于提升脱贫、增收、致富的内生动力。直播在为农民拓宽创收途径的同时，也为网上消费带来便利，并将互联网知识、现代经营理念和服务模式带到农村，渗透到乡村基层治理、村镇政务运转等各个方面。直播经济有助于充分发挥农业的多种功能和乡村的多元价值，促进城乡生产和消费的双向对接，人口和文化的双向流动互动，也有助于拓展城乡经济循环新的空间。

（三）直播经济规范健康发展应关注的突出问题、影响和原因分析

1. 产品质量参差不齐，虚假营销屡禁不止

农产品质量参差不齐、标准化程度低的问题在直播带货中普遍存在。直播带货增加了农户在内的市场主体参与度，但目前大部分农民通过网络直播自主发货的农产品缺乏专业分类和分级，产品质量差异大，再加上物流运输损耗，或多或少会使得消费者拿到的产品实物与直播展示中的样品不符，降低了消费者的满意度。另外，根据 2019 年开始实施的《中华人民共和国电子商务法》并没有将个人销售自产农副产品、家庭手工业产品等零星小额交易纳入监管对象当中。在此情况下，通过直播带货销售的农产品在没有通过检验检疫的情况下大量流入市场，质量得不到保障。

除了产品质量存在的客观问题，虚假营销在直播带货中屡禁不止，具体体现在商品货不对板、掺杂掺假、虚假宣传、销售假冒伪劣产品和"三无"产品、售后维权困难等。在直播中普遍存在不同程度的夸大卖点、避重就轻，对商品客观属性，如供应商合规证照信息、商品详情和参数、售后和服务信息等缺乏介绍或刻意隐瞒。辛巴卖"假燕窝"被罚款并被快手电商平台封禁等类似事件屡见不鲜。截至 2020 年年底，抖音电商平台累计下架问题商品超过 100 万件，关闭违规店铺超 3 万个。

农产品因其单价低、购买频次高、受众广，还常被许多网络商家当作直播引流产品之一，通过 9.9 元包邮、免费领取等形式吸睛引流，获取更高曝光量，用流量换取其他更多订单。对商家而言，农产品电商去掉了中间环节节约

了成本，但也因为快递包装等增加了新的费用，低价引流实则是"赔本赚吆喝"。对消费者和生产者而言，"低价引流"容易使得消费者形成"电商农产品就应该低价格"的认知，妨碍"优质优价"的消费信任在网络渠道的确立，容易发生"劣币驱逐良币"现象。

质量问题、虚假营销不仅损害消费者的权益，扰乱农产品正常价格体系，还有损地方农产品的市场形象，对农产品网络营商环境、农业产业发展造成一系列负面影响，也阻碍了直播经济在助农兴农方面的健康发展。

2. 主播素质良莠不齐，直播内容鱼龙混杂

带货主播专业素质良莠不齐，影响了直播内容的丰富和提升。直播经济出现后，许多新媒体机构、网红一拥而上，但由于其几乎没有准入门槛，网络直播形式单一，直播内容同质化严重，由于缺乏专业性，各种"翻车"事件也频繁成为焦点。大部分网络主播缺乏销售技能以及专业电商知识，且很少接受产品策划、运营推广、客户维护等系统性培训，因此行业内部的模仿趋势越来越严重，主要是直播农产品采摘和食用等过程，直播内容单一，忽略农产品附加价值及信息传递，不利于激发销售者的兴趣。部分带货主播缺乏专业知识，对选品标准认识不足，为了增加销量夸大其词，导致消费者收到的产品和描述不符，出现直播销量越高、退货率越高、评价越差的情况，影响了对主播以及主播所代表的产品品牌的信任。

为了博人眼球、吸引流量，部分直播带货中还存在低俗言行、表演等情况。2021年北京市消费者协会和河北省消费者权益保护委员会联合发布的《直播带货消费体验调查》显示，部分主播在直播带货过程中涉嫌存在低俗言行问题，体验调查的100个直播带货样本中，有5个样本涉嫌存在言行低俗问题，严重扰乱行业生态，阻碍直播经济规范、健康地发展。

3. 基础设施有待加强，配套服务亟须完善

基础设施建设不健全。当前我国农产品网络直播行业正处于快速发展时期，但物流设施建设明显滞后。农产品冷链物流、仓储条件不足，无法保障农产品质量。很多平台都没有专业的质检、仓储和物流途径，靠农户直接发货，生鲜农产品送到消费者手里极易出现口感变异、损坏变质等问题，直接影响消费者的持续购买意愿，不利于进一步开拓农产品市场。此外，尽管顺丰、京东、拼多多等电商平台的物流运营能力不断提升，但对于边远山区特色农产品的运输仍鞭长莫及。

后期配套服务不完善。很多农产品销售者过于重视农产品销售环节，忽视了农产品后期配套服务方面存在的问题。虽然销售商能够凭借网络直播提高农产品的销量，但供货方的运营能力、物流方的运输能力和电商平台的售后服务与危机处理能力仍有待提高。对于出现的售后问题，由于没有专业的售后团队，很难及时解决，直接影响了农产品认可度的提升，最终导致农产品流失较多的客户，农产品流通链断裂，不利于农产品销售市场的扩大。

4. 配套监管相对滞后，相关规范难以落实

直播经济发展迅猛，但配套的监管政策、监管措施相对缺失，服务相对滞后，是形成上述问题的主要原因。在直播经济发展初期，各监管部门对新业态采取审慎包容的态度，尤其新冠疫情初期恰逢直播经济迅猛增长时期，为了刺激经济尽快恢复发展，弥补疫情影响下停工停产造成的经济损失，各地政府出台相关政策鼓励直播经济发展，投入大量人力、物力、财力抢占直播经济市场份额，一定程度放任和助长了直播经济的野蛮生长。导致农产品直播带货中，质量安全的责任主体不甚明确，直播经济链条中规范的市场监管和切实可行的行业标准相对缺乏，对产品、生产商、主播、平台的规范和要求也难以落实到位。

（四）促进直播经济规范健康发展的工作思路和对策建议

1. 完善和落实相关法律法规

加强对《中华人民共和国电子商务法》及其他法律法规的普及与宣传，加大网络直播销售的法治化监管力度。明确直播经济链条中各环节的法律责任主体，明确商家、平台、主播在直播经济中的责任和义务，加快出台引导农产品网络直播行业规范化发展的相关政策与措施，完善直播审查机制，促进农产品网络直播经济的健康快速发展。

2. 加强协同监管，合作共赢

不同部门之间、政府和企业之间建立多方协同治理机制，明确各自监管职能，织牢监管网络，形成监管合力，结合大数据等新型技术手段，发挥市场监督职能，确保监管不留死角。为消费者提供畅通的售后维权通道，对违法违规直播带货行为加大曝光力度，并根据侵权严重程度列入信用黑名单。建立良好合作共赢机制，建立农产品直播链条中涉及的农户生产者、主播销售者、供应

链配送方和平台供给方等多个环节的良好利益联结机制，合理分配各方利益，开诚布公，合作共赢。

3. 加快推进农产品标准化生产和品牌建设

加快农产品标准化进程，规范优质、安全、绿色的优质农产品生产。进一步增强农产品品牌意识，加强品牌农业的体系建设和影响力。鼓励有特点、有文化内涵、有价值的优质农产品品牌推广宣传，挖掘农产品和品牌地域特色，突出差异化。

4. 建立健全农村电商支撑服务体系

加强优质电商平台、物流平台与农业生产经营者的对接，提升农产品网络直播的全产业链专业化服务水平；持续推进现代仓储物流体系建设，增强农产品仓储、分拣、包装、运输等综合服务能力，提升农产品田间地头采购、包装、储存、运输一体化水平，提高标准筐、标准箱、标准托盘使用率及一站式运输比例。

5. 注重电商人才培养，培育专业性农业主播

抓住新冠疫情期间农民工返乡潮，出台人才培训计划，充分发挥返乡农民既熟悉互联网，又熟悉当地农业的优势，将其培养成为懂农业、懂产品、懂传媒的专业带货主播，通过直播宣传当地农耕文化、乡村文明、地域风情等，提升农产品价值，实现助农增收。

6. 强化平台自我管理

持续强化平台内容生态治理，做好审核把关，严厉打击各类诱导交易、虚假交易、规避安全监管的私下交易行为。鼓励电商平台完善农产品网络直播的诚信评价机制，规范农产品网络直播销售行为，加强主播的职业素养和规范意识，将"粉丝"的评价、举报以及监管部门的调查处罚信息等纳入评价系统，取消具有违法情节、污点信息较多的主播销售资格。鼓励优秀典型，适当对优质中小主播进行引流，避免头部主播垄断，树立良好直播风气。

7. 宣扬正确价值观，树立理性消费观

引导商家建立正确销售观，不搞低价促销、不做"一锤子买卖"，把好产品质量关、价格关和信誉关。鼓励农产品"素颜"直播和地头原生态直播，树立质朴、真实的农产品直播形象，贴近消费者。引导消费者提高自我保护意识，根据自身实际需要理性消费，提高商品信息辨识能力，合法保护自身权益。

专题三　电子商务发展中"公司+农户"模式概况与风险防范

一、电商"公司+农户"模式基本情况

1. 电商"公司+农户"模式组织形式

当前，小农户直接进入农产品电商市场的门槛较高，一般通过各种不同组织形式的"公司+农户"，间接与网络市场形成链接。

（1）"公司+农户"。有些农村能人、返乡创业青年、合作社负责人等，成立小微型农产品电商公司，与农户形成相对稳定的购销关系，或者签订农产品购销合同，利用自建或在第三方电商平台销售农产品。这种组织方式下，电商公司主导农产品供应链关系网络，上连分散小农户，下接电商大市场。

（2）"公司+中介组织+农户"。由于直接与农户合作成本较高，许多电商公司采用"公司+中介组织+农户"的形式来组织供货。中介组织包括合作社、基地、经纪人、生产大户等。①"公司+合作社+农户"是最常见的组织方式。例如，天津金仓互联网科技有限公司采用"订单种植"的模式，针对市场需求与合作社或农户签订收购订单。该模式主要存在 3 种运行方式，分别是"公司+合作社（附属子企业）+农户""公司+合作社（村集体）+农户""公司+合作社（企农共治）+农户"。②"公司+基地+农户"模式是由公司和基地合作，基地带动农户，搭建平台，实现产销对接。③"公司+经纪人+农户"和"公司+生产大户+农户"模式与前者类似，公司不与分散农户直接签订订单，而是与农产品经纪人或生产大户签订订单达成采购意向，经纪人与生产大户再采购农户的农产品，最终通过电商公司销售。

（3）"公司+平台+农户"。部分电商企业通过打造本地化电商平台，方便农户直接开展农产品线上营销。例如，上海浦东新区地产优质农产品电商平台和重庆"村村旺"市级农村电商综合服务平台。与传统线下销售模式相比，客户先在线上平台下单，农民收到订单后再采摘、配送，有详细的订单记录，

能实现蔬菜新鲜和农产品质量安全可追溯。

2. "公司+农户"模式联农带农的主要方式

在电商"公司+农户"模式中，公司与农户以供应链、利益链、产业链等为纽带，通常形成产品联结、资本联结、服务联结等不同方式的联农带农运行机制。

（1）产品联结。即电商企业直接或通过合作社、经纪人等中介组织，与农户通过口头协议或签订订单建立的农产品购销关系，帮助农户拓宽销售渠道，带动农户增收。企业规定收购农产品的数量、质量和价格，为调动农户提供优质农产品和履约的积极性，企业通常会将价格与质量联动，实行优质优价，或通过利润返还、二次分红等增加联结的紧密性；此外，为避免市场波动对订单履约的影响，部分企业还采取"保底收购，随行就市"的价格机制，稳定与农户的购销关系，保证农户收入稳定和企业货源的供应。

（2）资本联结。指电商公司依托土地、资金、劳动力等资本要素联农带农。一是电商企业通过流转农户的土地，整合规划，建立生产基地，凭借自身较为精准的需求预测与专业的农事支持服务，优化农业生产条件，提高生产效率，降低生产成本，增加产出，农户获得土地租金。二是电商企业雇佣农户或其他农村剩余劳动力，促进农户原地就业，农户获得更多工资性收入。三是农户以资金或土地作价出资入股的方式投资电商企业，分享增值收益。

（3）服务联结。指企业为农户提供生产技术指导和技术培训、农资供应、病虫害防治、市场信息、电商技能培训、信贷资金等服务，与农户建立产前、产中或产后的联结关系，有效提高了农户的生产经营效率，降低了生产成本和经营风险。部分企业还为农户提供农产品电商销售等服务，同时将销售收入扣除成本费用和公积金后按交易额对农户进行盈余返还，带动农户增收。

（4）复合型联结。受农产品电商、农业产业化发展的影响，公司与农户的联结方式逐渐由单一的产品联结向"产品+资本""产品+技术"或"资本+技术"等复合型联结方式发展，联结机制逐渐趋紧，企业联农带农的内容逐渐从注重生产控制和销售返利向分享产业链增值收益延伸。

二、电子商务发展中"公司+农户"模式发挥的作用

"公司+农户"通过各种不同的组织形式和联结模式打通小农户与网络大

市场之间的链接渠道，有利于充分发挥电商信息传递快、覆盖面广的优势，减少农产品产销之间的信息不对称，打破农产品销售地域限制，缩短农产品流通环节，对优化农业生产经营组织方式、推动小农户融入农业产业链、衔接现代农业发展、持续增加收入具有重要作用。

1. 帮助小生产链接大市场

"公司+农户"模式降低了农户进入网络大市场的门槛，帮助农户小规模、分散化生产的农产品与广大消费者对接，减少产销信息之间的不对称，有效解决农产品滞销问题。通过电商平台"公司+农户"开展的预售模式甚至能够实现农产品以销定产，稳定农户收益。

2. 促进农户创业就业增收

电商"公司+农户"模式使得许多农户能够在兼顾农业生产的情况下，通过务工，参与到农产品电商供应链物流链中，增加工资性收入，使农民就近分享农业产业链增值。农产品电商的发展还打通了产业链的生产端、流通端和消费端，带动当地快递、仓储、包装等相关行业的发展，促进乡村能人和返乡农民就地创新创业，并为农村劳动力创造更多就业岗位，促进农民增收。

3. 推动农业加快产业化发展

电商对农产品的标准化水平、质量安全与供应稳定性等要求较高，电子商务发展中"公司+农户"的模式，把消费端的需求和生产端的订单聚集对接起来，有利于促进农产品生产的规模化、标准化和产业化，帮助小农户融入现代农业产业链，优化农业生产经营组织方式，提升农业产出效率，促进农业产业升级。电商环境下，产品营销对品牌的要求更高，"公司+农户"模式使得品牌培育成为可能，许多电商公司将地理标志农产品的产品优势与自然资源、文化资源等结合在一起，提升品牌的市场竞争力，推动农业品牌化发展。

三、电子商务发展中"公司+农户"模式存在的风险

1. 农业生产标准化程度普遍较低，模式形成难

一方面，许多小农户的生产规模小，产品标准化程度低，质量体系不健全，生产的农产品没有品牌、没有包装、混装走货、不分规格、有产无量、没有售后服务，仅靠小农户难以适应不断升级的消费需求，无法保证对电商供应链的稳定供给。另一方面，我国农产品电商企业发展以中小型企业为主，企业

整体实力较弱，电商企业为了保障产品质量和供给稳定性，更倾向于与规模化生产基地合作。小农户分散经营，组织化程度低且交易成本高，导致电商企业与农户合作谨慎，较难形成稳定的合作关系。

2. 电商企业与农户地位不对等，农户获益难

在已经形成的电商"公司+农户"合作中，农户在资金、技术、资金等方面均处在弱势地位，话语权和产品的定价权较弱，利益容易受到挤压。电商企业直接或通过中介组织从农户手中收购农产品，通过加工包装后实现增值销售；小农户赋予农产品最初的经济价值，但没有参加电商流通环节的增值，容易被中介组织压价，难以分享流通环节的增值收益，受到一定的挤出效应。甚至部分电商企业会将自然风险和市场风险转嫁给农户，这种地位的被动性和利益分配的不均衡也影响农户与电商企业合作的稳定性。

3. 电商企业自身发展受限，联农带农难度大

虽然近年来我国农产品电商快速发展，但制约农产品电商发展的产品因素、环境因素、物流因素等一直存在，许多农产品电商企业受限于资金、人才、创新能力等，难以在日益激烈的市场竞争中实现稳定增收和持续发展，导致难以持续联农带农。资金方面，农产品电商企业大多规模小、流水少、资产轻，针对性的金融产品创新不足，普遍存在融资难、融资贵的问题。人才方面，受工作环境、薪酬等多方面条件限制，农产品电商企业难以吸引到优秀的电商人才，除了企业家式的电商创业人才，技术性人才也非常缺乏。农产品电商发展中存在的瓶颈和各类风险制约了"公司+农户"模式的发展。

四、出台的政策措施

近年来，国家层面和地方政府部门通过出台税收优惠政策、加快完善农村物流体系、加大农村人才培养力度、营造规范有序的市场环境、实施试点工程等措施促进电商企业带动农户参与电子商务。

1. 出台税收优惠政策

例如，云南省提出"符合条件的农村网商，可按照规定享受创业担保贷款及贴息政策，同时应简化农村网商小额短期贷款手续"；甘肃省出台政策，为从事网货生产销售的贫困户以及带动贫困户生产销售网货产品效果明显的企业和店铺提供免抵押、免担保、5 万元以下、3 年以内小额信贷按基准利率全

额贴息政策。

2. 加快完善农村物流体系

完善农村物流体系是推动农产品电商发展的基础，也是国家和地方政府农村基础设施建设的重点。2021 年国务院办公厅出台《加快农村寄递物流体系建设的意见》，多地加快建设农村寄递物流体系建设，出台改造升级县域商超、物流配送中心、乡镇服务中心和农村便利店等具体措施。在政策支持下，2022 年上半年，全国建设改造县级物流配送中心 69 个。

3. 加大农村人才培养力度

例如，甘肃省通过加强对农户的农业生产技能培训、电子商务实用技术和乡村旅游服务技能的培训、与企业对接共建农村电子商务人才实训基地等措施对小农户进行培训，支持农村电商人才队伍建设。

4. 营造规范有序的市场环境

国务院指出要推进农村电子商务诚信建设，持续推进《中华人民共和国电子商务法》宣贯工作，提高农产品网络市场经营者的规范自觉性。国家发展改革委、国家市场监督管理总局等 9 个部门强调要加强农村信用体系、农产品市场体系建设，以数字化方式维护良好的市场秩序，协调推动区域电子商务发展，从而促进企业与农户增收。

5. "互联网+"农产品出村进城试点工程

农业农村部出台"互联网+"农产品出村进城试点工程，推动电子商务在促进农产品产销衔接、推动农业转型升级、助力农民脱贫增收等方面发挥显著作用。工程强调要培育引进一批运营水平高、创新意识强、带动作用大的市场主体，引领带动产业链上下游企业。探索、建立健全利益联结机制，切实提高小农户参与度，引导和支持农民群众生产适合网络销售的优质特色农产品。

五、对策建议

1. 推动形成农业农村电商发展的良好生态

一是在国家层面建立促进电子商务发展的协同推进机制，加强顶层设计、统筹规划，以现有工程项目为抓手，促进农村电子商务基础设施和公共服务资源整合，不断完善农村地区县乡村三级网络销售服务体系、提升产地农产品商品化处理能力。二是健全市场监管机制，从产品准入监管、信用监管、服务监管、业态监管等多方着手，不断优化农业农村电子商务发展支撑环境。三是积极推动农村电商数据资源整合，实现农业全产业链各环节主体间信息共享，通过数字信息赋能，降低农业生产及农产品电商潜在风险，促进其高效、可持续发展。

2. 建立健全农业标准体系

一是按照政府引导、市场运作的方式尽快建立健全产地环境、生产技术、产品质量、加工包装、仓储保险、流通环节等方面的标准体系。二是推动开展全产业链标准集成应用示范，打造全产业链标准集成应用示范基地，注重规范和提高龙头企业的农业生产标准化水平，实施企业标准"领跑者"计划，切实发挥龙头企业标准化生产的带动作用。三是支持标准化绿色优质农产品认证，推动农产品实现分等分级和优质优价，以实现农产品增收促进标准化生产的深入开展。

3. 壮大农产品电商运营主体

一是鼓励企业做大做强。进一步壮大电商市场主体，加强电商企业梯队建设，推动电商企业"个转企、小升规"，有效提高服务能力、运营能力和农户带动能力。二是继续推动县域电商运营主体培育工作，依托农业龙头企业、合作社、产业协会、信息进村入户运营商、电商企业等各类企业组织，整合有效资源，形成有实力、有规模的产业化运营主体，带动周边小农户打造优势特色农产品供应链，提升市场竞争能力。

4. 加强农民电商培训

一是加强农民培训力度，让农民加深对电商的认识和理解，成为能够有效提供市场信息的供给者和有效利用市场信息需求的农业生产者。二是开展标准进村入户行动，引导小农户积极主动参与到标准化、组织化和品牌化农业生产中。三是加大对农村地区专业带头人的电商培训力度，通过农村地区专业带头人连接小农户和电商大市场，促进当地资源对接、规模发展和协同进步。